Mes plus belles histoires
de plantes

DU MÊME AUTEUR :

Les Médicaments, Collection « Microcosme » Paris, Seuil, 1969.
Évolution et Sexualité des Plantes, Horizons de France, 2ᵉ éd., 1975.
L'Homme renaturé, Paris, Seuil, 1977 (Grand prix des lectrices de
    Elle. Prix européen d'écologie. Prix de l'Académie de Grammont).
Les Drogues : leur Histoire, leurs Effets, Doin, 1979.
Les plantes, leurs amours, leurs problèmes, leurs civilisations, Fayard,
    1980 (nouvelle édition revue et remise à jour).
La médecine par les plantes, Fayard, 1981 (édition revue et augmen-
    tée, 1986).
La prodigieuse aventure des plantes (avec J.-P. Cuny), Fayard, 1981.
Drogues et Plantes magiques, Fayard, 1983 (nouvelle édition).
La vie sociale des plantes, Fayard, 1984 (réédition 1985).

Jean-Marie PELT

Mes plus belles
histoires
de plantes

Fayard

A mon ami Jean-Pierre Cuny, grand « chasseur d'images » et réalisateur de talent.

Grâce à notre longue et fidèle collaboration, « L'Aventure des Plantes », portée à la télévision, a permis de révéler au public international les merveilles du monde végétal, encore si mal connu.

Je dédie ce livre à notre amitié.

J.-M. P.

Et s'il n'y avait plus de plantes ?

S'il n'y avait plus de plantes ? Eh bien, nous ne serions évidemment pas là pour en parler. D'ailleurs, nous ne serions même pas là du tout. Plus de plantes : plus d'hommes. Nous n'aurions donc pas l'occasion d'admirer ces superbes roses qui égaient le studio d'enregistrement où nous venons raconter ces histoires. Plutôt froid, ce studio. Pas une gravure, pas un bibelot, pas même un cendrier... Il est vrai que le cendrier ne servirait à rien : plus de plantes, plus de tabac. Ouf ! Fini cette odeur âcre qui flottait tout à l'heure dans les couloirs.

Mais fini aussi l'effluve si délicate de ce parfum. Car les parfums, à quelques rares ingrédients près, viennent des plantes. Ils sont une sorte de luxe que les plantes nous offrent gracieusement, mais qu'elles destinent en réalité aux insectes.

Il n'y aurait pas non plus ces journaux sur cette banquette, car leur fabrication consomme des tonnes de pâte à papier qui provient pour l'essentiel des forêts de pins. Plus de plantes, plus de pins, et plus non plus de pain, car plus de blé. Plus de « casse » dans les banques, car plus de billets — le « blé » des perceurs de coffres !

Au restaurant, ce serait pire encore : plus de fruits, plus de légumes, plus de céréales — condamnation de tout régime végétarien ! Mais plus de viande non plus, car la vache broute l'herbe qui fait sa chair... Plus d'épices, plus de condiments, plus de jus de fruits, de bière, de vin, de café, d'alcool... Il ne resterait que le sel et l'eau ! Bref, nous serions condamnés à nous nourrir d'eau de mer, comme les toutes premières algues, nos très lointaines ancêtres vieilles de plus de trois milliards d'années. Malheureusement, nous ne sommes pas des algues, et ce régime ne nous conviendrait guère ! Imaginez cafés et restaurants ne servant plus que des eaux minérales...

Et les symboles alors ? Plus de rose pour le P.S., plus de cèdre pour le Liban, plus de chardon pour la Lorraine, plus de pomme à Antenne 2, plus de pissenlit semé à tout vent chez Larousse et, pire encore, plus de santé ni de beauté par les plantes ! D'où une perte substantielle de chiffre d'affaires pour éditeurs et libraires. A dire vrai, il n'y aurait plus ni éditeurs ni libraires, car le papier, on l'a dit, vient aussi des plantes. Il n'y aurait pas davantage de pharmaciens, car bon nombre de médicaments sont d'origine végétale.

Mais les autres, les médicaments chimiques ? Tous proviennent de substances dérivant du pétrole et du charbon ; et s'il n'y avait pas eu les immenses forêts d'autrefois, il n'y aurait point de charbon formé des squelettes d'arbres fermentés dans le ventre de la Terre au cours de millions d'années ! Quant au pétrole, il provient d'organismes divers, sédimentés au fond des mers et généralement nourris de plantes. Pas de plantes : pas de charbon, pas de pétrole, donc pas de chimie.

Inutile de poursuivre, chacun a compris : plus de plantes, plus rien. Et surtout plus d'oxygène dans l'air, donc plus de respiration possible ; car ce sont les plantes qui ont accumulé l'oxygène dans l'atmosphère — la seule atmosphère respirable de toutes les planètes et de tous les satellites connus ! La seule hospitalière à l'homme. Bref, sans plantes, nous mourrions non seulement affamés, mais encore asphyxiés dans un désert de sable et de cailloux.

Mais imaginons le scénario inverse : ce sont les plantes qui parlent ; elles se disent entre elles : « Et s'il n'y avait plus d'hommes ? » Les fleurs des horticulteurs et des fleuristes se lamenteraient. Quel désastre pour elles qui ne peuvent vivre que sous l'immédiate protection de l'homme qui les a fabriquées en améliorant par sélection leurs ancêtres ! Le maïs aussi serait condamné, dont les grains sont incapables de germer, enveloppés qu'ils sont dans des pièces protectrices dont seule la main de l'homme peut les délivrer. Comme le seraient de leur côté les loulous de Poméranie ou les lévriers afghans, ces races de chiens distingués qui, dans la nature, ne tiendraient guère le choc face à la concurrence de carnivores infiniment plus compétitifs et débrouillards... Mais les fleurs sauvages ainsi que la grande masse des plantes se réjouiraient et leur diraient : « Vous voilà punis d'avoir pactisé avec ce bipède que nous redoutons tant ! N'est-ce pas lui qui sème un tel désordre dans la nature ? Nous allons enfin avoir la paix, ne plus être menacées à tout instant de disparaître sous les roues de ses engins qui labourent la terre, culbutent les forêts, sillonnent de pistes étranges les lieux les plus tranquilles du monde où nous étions jadis si bien. »

Plantes et animaux poursuivraient paisiblement leur labeur séculaire au sein de la nature, les plantes fournissant l'oxygène, les animaux le consommant en respirant, dans cet équilibre parfait que l'homme est venu perturber en le détournant au profit de ses seuls intérêts.

Bref, si nous ne pouvons nous passer des plantes, les plantes, elles, peuvent parfaitement se passer de nous. Sans nous, toujours autant de plantes et, somme toute, probablement des plantes « heureuses » et « tranquilles ». Encore qu'une plante n'est jamais vraiment tranquille, tant elle suscite de convoitises...

Fiche d'identité
des Plantes

Nom et prénom (ou « les plantes et les Dieux »)

Connaissez-vous le *Podophyllum peltatum*? Non. Eh bien, moi non plus. Je ne le connais que de nom, mais je ne l'ai jamais vu. Car cette plante ne pousse qu'en Amérique du Nord. Et si l'on parle d'elle, c'est qu'elle possède quelques propriétés médicinales intéressantes, en particulier purgatives, laxatives et antitumorales.

Comme toutes les plantes, elle a un nom latin, conformément au système fixé par Linné au XVIIIᵉ siècle. Bref, elle est *Podophyllum peltatum* comme nous sommes, nous les hommes, des *Homo sapiens*! Le premier nom est le nom de genre; le second, le nom d'espèce; un peu comme chacun de nous a un nom de famille et un prénom, si l'on peut s'autoriser cette comparaison boiteuse.

Mais ce *peltatum* m'intrigue. Pourquoi cette plante porte-t-elle en quelque sorte... mon propre nom? M'aurait-elle été dédiée par quelque botaniste sympathisant, comme le veut une ancienne tradition de la profession? Certes non : si le *Phodophyllum* s'appelle *peltatum* depuis deux siècles, c'est que le grand Linné lui a donné ce nom tout simplement parce que ses feuilles sont peltées. Mais qu'est-ce à dire? Consultons le Littré et nous apprendrons qu'elles sont en forme de... pelte. Voilà qui se rapproche dangereusement de moi ! Courons donc à *pelte* et nous apprendrons qu'il s'agit d'un petit bouclier en forme de croissant. Les botanistes se sont emparés de cet instrument pour l'assimiler à un certain type de feuilles où le pétiole s'insère directement au milieu du limbe ; c'est ce que l'on voit, par exemple, chez les feuilles du nénuphar ou chez celles des capucines.

Si l'on peut risquer le rapprochement entre ces feuilles peltées et l'auteur de ces feuilles imprimées c'est que, bien souvent, les plantes portent le nom des botanistes qui les ont découvertes. Ainsi mon ami et collaborateur de toujours Jacques Fleurentin peut-il se prévaloir d'un superbe aloès qu'il découvrit il y a une dizaine d'années au Yemen et qui trône généreusement, depuis lors, dans son bureau, baptisé par un botaniste ami *Aloe fleurentinorum*. Nul botaniste n'avait jamais repéré cette plante avant lui et il était légitime et sympathique de la lui dédier. Dans les annales internationales de la botanique, de la Chine à l'Argentine et de la Corrèze au Zambèze, elle portera pour toujours son nom.

C'est ainsi que pratiquent les botanistes depuis plusieurs siècles, en particulier depuis Linné qui baptisa de la sorte des milliers de plantes rapportées par nos grands ancêtres, les botanistes-explorateurs qui se sont succédé depuis la Renaissance. Ainsi le frère Charles Plumier, de l'ordre des Minimes, botaniste du Roi, est-il le père et l'auteur du frangipanier qui lui doit son nom latin de *Plumeria*. Le naturaliste suisse du XVIe siècle Gesner a donné son nom au *Gesneria* et à la famille des Gesnériacées. Son disciple, le Lyonnais Bauhin, a baptisé les *Bauhinia*. Le remuant explorateur-botaniste Alfred Grandidier a découvert et baptisé à Madagascar toute une série de plantes qui n'existent que sur la grande île et nulle part ailleurs au monde : les Didiéracées.

Gesnériacées ? Didiéracées ? Assez, direz-vous, cessons cette litanie et venons-en à des exemples un peu plus catholiques...

Sachez alors que c'est l'Anglais Forsyth qui a baptisé le

Forsythia, tandis que l'Allemand Léonard Fuchs avait déjà baptisé au XVIe siècle le *Fuchsia*. Quant au Français Bougainville, il est naturellement le parrain des bougain-villées, bien qu'il ne fût point botaniste, mais chef d'une expédition qui débarqua à Rio en 1766. La frégate *La Boudeuse* et la corvette *L'Étoile* avaient traversé l'Atlantique et c'est le botaniste du voyage, Commerson, qui, découvrant cette plante superbe à Rio, la dédia à Bougainville, le chef de l'expédition. Quant au *Strelitzia*, il évoque l'épouse de Georges III d'Angleterre, la Reine Charlotte-Sophie de Mecklembourg-Strelitz à qui il fut dédié par Sir Joseph Banks coéquipier du célèbre Cook.

Mais, direz-vous, toutes les plantes ne proviennent pas des pays lointains. Elles ne peuvent donc pas toutes avoir des explorateurs comme parrains. Qu'en est-il des nôtres, celles qui poussent en Europe et qui, pour cette raison, sont naturellement connues depuis bien plus longtemps ? C'est souvent à la mythologie grecque qu'elles doivent leur nom.

Comme toutes les mythologies, celle de la Grèce antique insiste sur l'unité essentielle de l'Univers, manifestée par les liens étroits entre toutes les créatures. Ainsi, l'homme y apparaît comme proche des végétaux, au point que certains personnages peuvent devenir plantes, généralement à la suite d'événements tragiques qui se terminent par ce genre de métamorphose.

Voici une première histoire que l'on pourrait intituler « La myrrhe, la rose, l'anémone et l'adonis[1] ». Myrrha était la fille d'un roi de Chypre. Sa beauté était légendaire, au point qu'elle prétendit un jour égaler Aphrodite. La grande déesse, pour se venger, fit naître en Myrrha un désir incestueux envers son père. Myrrha résista à cette passion mais finit par céder ; elle réussit à s'unir au Roi son père pendant son sommeil et à son insu. Fière de ce subterfuge, elle se risqua à récidiver la nuit suivante, mais

---

1. On lira avec intérêt, à ce sujet, le beau livre de Jacques Lacarrière, *En suivant les dieux*, Lebaud, 1984.

son père se réveilla et voulut alors la tuer. Myrrha réussit à s'enfuir et les dieux, pour la protéger de la vengeance paternelle, la transformèrent en arbre : l'arbre à myrrhe ! Les pharmaciens vendaient autrefois la myrrhe en larmes ; or ces larmes étaient précisément l'exsudat odorant de l'écorce de cet arbre, symbolisant les larmes de Myrrha... Pourtant, bien que transformée en arbre, Myrrha était enceinte de son père ; le foetus poursuivit donc sa croissance au cœur de l'arbre, puis, un beau jour l'enfant vint au monde en fendant l'écorce. Aphrodite, attendrie, fut émue par sa beauté, le prit sous sa tutelle et la baptisa Adonis... Elle le confia à Perséphone — la déesse des Enfers — pour qu'elle le prît en nourrice jusqu'à l'âge de raison. Mais Perséphone aussi fut émerveillée par la beauté d'Adonis et, le moment venu, refusa de le rendre. Il fallut que les dieux arbitrent ce conflit entre les deux grandes déesses, et il fut décidé qu'Adonis passerait un tiers de l'année avec l'une, un autre tiers avec l'autre, et ferait ce qu'il voudrait durant le dernier tiers du temps. Le malheur arriva pendant la période où le jeune et bel Adonis était en compagnie d'Aphrodite. Profitant d'une absence de la déesse, et déjà épris d'indépendance, il s'éclipsa à la chasse mais fut tué dans la forêt par un sanglier. Aphrodite entendit ses appels, accourut en hâte, mais se piqua à une épine d'églantier ; le sang de la déesse coula sur la fleur et, depuis ce jour, les roses, qui étaient jusqu'alors des fleurs blanches, furent roses ou rouges... Adonis mourut dans les bras de la déesse, son propre sang se répandit et colora d'autres fleurs, nos adonis d'été aux fleurs rouge-sang et nos anémones qui, depuis ce jour, ont elles aussi la couleur du sang d'Adonis et son éphémère fragilité : elles s'effeuillent au moindre souffle de vent, comme l'indique leur nom grec dérivé d'*anemos* (le vent), et ne fleurissent que quelques jours au printemps.

Ce mythe d'Adonis, qui a engendré plusieurs noms de plantes, suggère de surcroît l'origine végétale de l'homme, puisqu'Adonis naît d'un arbre et que son destin évoque celui de toute végétation : comme une graine il tombe d'un arbre, puis descend aux Enfers, dont il renaît superbe et somptueux, le temps d'une saison, pour mourir à nouveau, perdant ses belles couleurs en même temps que la vie.

L'histoire de Narcisse évoque un mythe analogue et comporte plusieurs versions. Toutes les nymphes étaient amoureuses de ce beau jeune homme, qui pourtant n'admirait que lui-même. On le voyait se languir des heures durant près d'une source, à contempler sa propre image. Les dieux décidèrent de le punir de cet excès de narcissisme... Alors qu'il se contemplait comme à l'accoutumée dans le miroir des eaux, il y tomba de ravissement, se noya et fut aussitôt transformé en narcisse, cette magnifique fleur couronnée d'or qui penche encore aujourd'hui sa corolle sur l'eau...

Et que dire des nombreuses métaphores consécutives aux amours d'Apollon ?

Voici d'abord le jeune berger Cyparissus. Apollon, notoirement bisexuel, avait un faible pour lui. Mais ce sentiment n'était point partagé et Cyparissus vivait avec un cerf pour seul compagnon. L'enfant et le cerf ne se quittaient jamais. Mais voici qu'un jour de grande chaleur, le cerf se coucha à l'ombre pour dormir et Cyparissus le tua par mégarde. Éperdu de douleur, il pleura sans trêve son fidèle compagnon. Apollon, le prenant en pitié, finit par le transformer en cyprès. Voilà pourquoi le cyprès est aussi intimement associé aux cimetières et évoque la tristesse et les larmes (tout autant que le symbole inverse — nous y reviendrons — de la résurrection !)

Hyacinthe fut un autre amant malheureux d'Apollon. Jouant au lancer du disque, Apollon le tua par mégarde. Afin d'immortaliser son jeune amant qu'il avait si malencontreusement assommé, Apollon fit naître du sol une fleur imbibée de son sang : la jacinthe, dont les pétales recourbées dessinent la lettre « Y » : initiale grecque du nom du jeune héros.

Toutes ces métamorphoses résultaient en vérité d'un drame, et l'histoire de la nymphe Daphné n'échappe pas à la règle. Apollon tomba follement amoureux de cette nymphe à la beauté légendaire ; mais Daphné, hélas, n'était guère attirée par les hommes — fût-ce par le plus beau des dieux — et repoussait obstinément les avances d'Apollon. Furieux, celui-ci la poursuivit. Sur le point d'être rattrapée, Daphné supplia Zeus de la prendre en pitié, et celui-ci la transforma en un laurier sauvage. Apollon n'eut plus qu'à se rabattre sur la plante et depuis ce jour, le laurier devint sa plante préférée !

L'histoire de la nymphe Clytie est plus belle encore. Sous les traits du Soleil, son attribut, Apollon tomba amoureux de Clytie : cette fois, leur amour fut partagé et ne connut point d'ombre — ce qui ne saurait surprendre, s'agissant du dieu-Soleil. Mais l'astre du jour est capricieux. Apercevant d'aventure une charmante jeune fille, Leuchotoe, il s'en éprit follement au point de ne pouvoir se résigner à quitter le Ciel. Les jours devinrent alors démesurément longs, et jamais l'aube ne se leva si tôt. Or le père de Leuchotoe, apprenant cette liaison, en prit ombrage ! Il enferma sa fille dans l'ombre d'un souterrain où elle mourut d'inanition. Le Soleil en fut inconsolable ; il refusa de revoir Clytie qui pourtant n'avait cessé de l'aimer. Clytie sombra à son tour dans la tristesse et le désespoir et s'en alla seule au désert où elle fixa des yeux le Soleil sans désemparer neuf jours durant. Celui-ci la prit alors en pitié et la changea en une fleur qui demeure toujours tournée vers lui : l'héliotrope.

Les amours tragiques d'Apollon, on le voit, peuplèrent la terre d'une flore généreuse. On imagine quels eussent été les rapports du dieu-Soleil avec le grand tournesol si les Grecs avaient jamais connu cette plante !

Du végétal dédié à tel ou tel botaniste oublié à la fine fleur des récits mythologiques de la Grèce antique, les plantes ne sont pas traitées à égalité : les unes évoquent une belle histoire, les autres un pieux souvenir. Mais toutes ont un nom qui désigne leur espèce et permet de les identifier sans erreur.

La plupart ont aussi des surnoms qu'il conviendrait

plutôt de qualifier de prénoms, car ils sont très antérieurs au nom de baptême officiel que leur ont conféré les botanistes et qui sont consignés à leur état civil. Ces prénoms ou surnoms sont leurs noms populaires, d'une étonnante diversité. Sait-on par exemple que le coquelicot, dont l'appellation sonne comme le chant du coq, la couleur vive de ses fleurs évoquant la crête de cet animal, n'a pas moins d'une cinquantaine de noms populaires variant d'une région à l'autre ? L'onomatopée évoquant le chant du coq est encore plus évidente dans le nom normand de Cotecolico, ou encore dans celui de Carcarico (Sarthe). A croire, en revanche, que les gens du Nord n'ont jamais bien écouté le mâle des basse-cours car ils baptisent le coquelicot Terlicoco ou Cocriacot. Dans le Centre, on simplifie la question : le coquelicot devient Co, et dans le Cotentin Pied d'Co. Allez savoir pourquoi on l'appelle Fantina en Corse, Poulouguo dans le Var, Ponceau en Champagne, Moine dans le Poitou (d'autant plus curieux qu'il ne vit jamais seul), Fiovolage dans la région lyonnaise — pour ne citer là que quelques-uns de ses noms répertoriés par l'ethnobotaniste Lieutaghi. Qui sait si, çà ou là, on ne l'appellera pas demain Cocoricoboy ?

Le cas des herbes de la Saint-Jean est à l'inverse de celui du coquelicot. Ce n'est plus la même plante qui porte de nombreux noms différents, mais le même nom qui se trouve attribué à de multiples plantes : plusieurs dizaines au moins, dont l'armoise, le millepertuis, la verveine sauvage, etc. Mais la Saint-Jean correspond au solstice d'été, et nombreuses sont les plantes censées atteindre alors leur « force maximale ».

Grâce soit donc rendue à titre posthume au grand Linné qui nous a fourni un système universel de codification : la désignation botanique latine où chaque plante n'a qu'un seul nom, le même dans tous les pays, et qui s'exprime par un binome : ainsi la pomme s'appelle *Pirus* (c'est son nom de genre) *communis* (c'est son nom d'espèce). Elle s'appelle ainsi partout, y compris dans les pays de l'Est où aucun botaniste digne de ce nom n'aurait l'idée, pour se conformer aux idées dominantes, de la baptiser Pirus communiste !

Date et naissance
(où commence le commencement ?)

Les plantes ont-elles une date de naissance ? Voilà une question saugrenue qu'aucun botaniste, semble-t-il, ne s'est à ce jour posée. Mais comment l'éluder dès lors que l'on souhaite dresser la carte d'identité d'une plante ?

Les plantes, comme tous les êtres vivants, ont un commencement et une fin, donc une naissance et une mort. Qu'en est-il de cette naissance, et où la situer ?

Est-ce le moment où le spermatozoïde, véhiculé par le grain de pollen, rejoint au sein du pistil la cellule femelle ? Certes non. Car si cet instant est celui de la fécondation, il n'est en aucune manière celui de la naissance. Les humains l'appellent la « conception », et nous sommes bien incapables d'en préciser l'heure exacte : la rencontre du spermatozoïde et de l'ovule s'effectue silencieusement dans le ventre de la mère en dehors de toute manifestation visible. Nouvelle analogie entre les plantes et les hommes : ce moment de la conception, celui qui marque le véritable point de départ d'un nouvel individu, reste secret, comme si la vie voulait donner raison au grand philosophe allemand Heidegger pour qui « les origines se cachent toujours sous les commencements » ; autrement dit, quand un phénomène devient perceptible, c'est qu'il a déjà acquis une certaine importance, une certaine dynamique dans le temps et dans l'espace : c'est toute la différence entre l'œuf microscopique tapi dans l'utérus ou le pistil, et le bébé ou la graine surgissant du « ventre » de la mère.

Le moment de la naissance ne serait-il pas plutôt celui où la graine se sépare de la plante-mère et tombe sur le sol ? Certes, direz-vous, nous ne tombons pas à terre lorsque nous quittons le ventre de notre mère : les choses se passent avec un peu plus de délicatesse ! En revanche il est exact que notre naissance correspond très précisément avec le moment où nous quittons le corps maternel et, de ce point de vue, l'analogie avec la graine est frappante. Mais il subsiste une différence capitale : à compter du moment où nous quittons le ventre de notre mère, nous poursuivons sans cesse notre croissance (comme nous la poursuivions d'ailleurs sans interruption *in utero*, depuis le moment de la conception). Rien de tel pour les plantes : la graine va rester à l'état de vie latente pendant des jours, des semaines, des mois, des années, voire des siècles. Immobile et inchangée comme un fœtus ou un bébé pétrifié, en état d'hibernation.

Ainsi, prendre la séparation de la graine de la plante-mère comme référence pour la naissance entraînerait des interprétations proprement ubuesques de l'âge des plantes. Voici par exemple une graine de lotus conservée pendant mille ans dans une tourbière froide et qui décide enfin de se réveiller pour enfanter son bébé lotus. Ces temps de latence interminables donneraient aux plantes des longévités ahurissantes, et ce lotus, qui ne vit pourtant qu'une seule année, se trouverait gratifié d'une existence millénaire pour la seule raison que ses graines sont capables d'attendre une éternité des conditions favorables à leur germination. Dans ce cas-limite, une plante dont le cycle ne s'étale en fait que sur une saison serait née mille ans auparavant. Hypothèse d'autant plus absurde que nul ne sait si cette germination aura bien lieu, si la graine se réveillera vraiment, de sorte que la prétendue date de naissance a toutes chances de correspondre à la venue au jour d'un bébé mort-né.

Bref, la séparation et la chute de la graine ne sauraient en aucune manière être considérées comme la date de naissance des plantes, en raison du temps plus ou moins long qui s'écoule entre ce moment et la germination. Il paraît donc plus raisonnable de fixer cette date au moment de la germination, lorsque la longue hibernation de la graine prend fin.

Mais une nouvelle question se pose alors. Comment déterminer le moment exact où le mécanisme de la germination commence à se manifester dans les ténèbres internes de la graine ? Car les phénomènes de transformation qui se produisent dès l'instant où le germe reprend silencieusement sa croissance sont aussi invisibles qu'insaisissables. Vue de l'extérieur, la graine reste inchangée pendant cette toute première phase de la germination ; on ne dispose donc d'aucun point de repère pour l'appréhender avant l'éclatement des téguments sous la pression du germe. Nous voici de nouveau « plantés » — ce qui, concernant une graine qui germe, n'est pas en soi une mauvaise chose !

Si nous étions jardiniers, sans doute déciderions-nous d'adopter comme date de naissance le moment précis où la graine lève, quand la terre se craquèle et que le petit pois ou le haricot commence à montrer le bout de l'oreille ; bref, les plantes, si elles ne sortent pas du ventre de leur mère, émergent en tout cas de celui de la terre-mère. Il s'agit bien d'une naissance, à caractère purement symbolique, certes, mais qui rejoint la tradition constante des grands mythes où l'homme comme la plante naissent tous deux de la terre.

Une nouvelle difficulté surgit aussitôt : selon le degré d'enfouissement de la graine, le germe qui crève la surface sera déjà plus ou moins développé et aura percé les parois de la graine à une date plus ou moins éloignée. En fait, la terre n'est bien qu'une mère symbolique pour la jeune plante, car c'est la graine nourricière qui a pour mission de nourrir le jeune bébé. La naissance ne correspond donc pas non plus à la levée des semis !

Au bout du compte, tous ces critères manquent de rigueur. Le meilleur repère est sans doute la sortie du germe perçant les parois de la graine, qui s'effectue généralement dans le sol. Ainsi les plantes naissent bien de la terre et dans la terre, comme le veulent les symboles et comme tout un chacun peut le constater. Le phénomène est aisément observable, puisque les téguments se craquèlent et que le germe minuscule apparaît alors ; il peut être daté avec précision et confère à la plante qui germe une date de naissance incontestable, tout au moins lorsqu'il s'agit de plantes à graines. (Pour les autres, en effet, d'autres problèmes se posent, que nous nous garderons bien d'aborder pour ne pas compliquer les choses.) A partir de cette date précise à porter sur sa carte d'identité, il sera aisé de suivre la croissance régulière de la plante et de déterminer son âge exact.

Celui-ci est fort variable : moins de 15 jours pour les éphémères des déserts qui s'empressent de germer, de fleurir, de fructifier et de produire leurs graines à la moindre pluie ; plus couramment quelques mois pour l'immense bataillon des plantes annuelles qui peuplent nos flores et bouclent leur cycle du printemps à l'automne ; beaucoup plus rarement un an et demi pour des bisannuelles qui font une rosette de feuilles la première année et « montent » une hampe florale la seconde : la digitale et le bouillon blanc sont les prototypes de ces plantes qui étalent leur cycle sur deux années et vivent en gros dix-huit mois, du printemps à l'automne de l'année suivante. S'il s'agit d'un arbre, on déterminera son âge en fonction du nombre de ses anneaux (avec des records de l'ordre de cinq mille ans, comme on le verra) ; mais, ici, la date de naissance est évidemment impossible à déterminer : bien heureux si l'on peut déjà en fixer l'année ! Telle est la mission de la dendrochronologie, science de la lecture de l'âge des arbres par le décompte des anneaux. Quant aux mousses ou aux fougères, elles n'ont à proprement parler pas de date de naissance : puisqu'elles ne font pas de graine, naissance et fécondation se confondent ; comme chez nous, l'œuf croît régulièrement jusqu'à l'âge adulte, sans phase de latence ; le véritable point de départ d'un nouvel individu correspond donc au moment de la fécondation qui se fait au sein des organes femelles, lorsqu'un spermatozoïde de passage se trouve appâté par les hormones émises par la cellule femelle mais le phénomène n'est observable qu'au microscope, nullement dans la nature : l'heure de la naissance reste donc secrète !

Pauvres mousses, pauvres fougères qui n'ont pas d'anniversaire connu, mais qui, au fond, ne s'en portent pas plus mal ! Heureuse Penda, mon amie africaine, qui n'avez pas non plus de date de naissance connue ! Point d'astrologie pour vous, point de thème de nativité, point d'horoscope, point d'appartenance à un signe zodiacal... Heureuse amie, heureuses plantes à qui le Ciel ne livrera jamais ses secrets, ni l'angoisse de les connaître, ni la crainte de subir ses courroux. Quant aux plantes à graines, si elles ont une date de naissance, elles ont aussi un thème astral qu'il doit être aisé d'établir. Quant à en tirer des conséquences pour leur destin, c'est là une entreprise hardie que nous laisserons à plus compétents ou plus malins que nous.

Profession
(ou « Les plantes cachent bien leur jeu »)

A quoi servent les plantes ? Quelle est leur fonction ? Ou, dans la nature, leur « profession » ? Question banale qui conduit à rappeler des évidences : à l'alimentation, par les céréales, les fruits et les légumes ; à l'habillement, grâce aux fibres textiles ; à la santé, par les médicaments ; à la beauté, par les parfums, sans oublier les bois d'œuvre, la pâte à papier, les matériaux de construction, les plantes ornementales, etc.

Mais ce n'est pas la bonne réponse à la vraie question : il ne s'agit pas de savoir à quoi les plantes *nous servent*, mais bien à quoi *elles servent*? Et l'idée qu'elles puissent servir à autre chose qu'à nous-mêmes ne nous a sans doute jamais effleurés...

C'est que l'homme se prend obstinément pour le nombril du monde. Il voudrait toujours que la nature tourne autour de lui, comme s'il était le centre de l'Univers. Or, les plantes étaient là bien avant nous ! Les premières algues microscopiques flottaient déjà dans les océans il y a trois milliards d'années ! Or nous ne sommes arrivés que plus tard, beaucoup plus tard : il y a seulement cinq millions d'années !

La question est donc celle-ci : à quoi servent les plantes dans la nature ? Quel est leur rôle, leur fonction ?

Si l'on comparait la nature à une voiture, les plantes en seraient la carrosserie, le carburant et la batterie. La carrosserie, car elles forment, comme chacun peut voir, le corps même du monde vivant. L'essence et la batterie, car elles sont les générateurs d'énergie. Plus de plantes, et la nature s'arrête ; plus d'essence, et la voiture est en panne ! Ce sont les plantes, pourtant immobiles, qui font courir les bêtes et les foules humaines, comme l'essence et la batterie font rouler les voitures.

Comment les plantes fournissent-elles de l'énergie ? Elle sont froides au toucher, tandis que notre corps, comme celui de tous les animaux à sang chaud, se maintient à une température très supérieure à celle de l'environnement : pour nous, à 37º. C'est donc nous qui pourrions fournir de l'énergie, ou tout au moins de la chaleur ! Pas les plantes ! Et pour en fournir davantage encore, il suffit de prendre froid : la fièvre qui s'ensuit nous transforme alors en radiateur ! Cette augmentation de notre production énergétique peut d'ailleurs s'obtenir dans des conditions plus favorables : il suffit de faire du sport pour transpirer ; dans les pires des situations, c'est bien cette seule chaleur humaine qui subsiste : on l'a vu dans les wagons de déportés, lorsque la vie ne tenait qu'à un fil : l'entassement ou l'enlacement des corps restait la seule source énergétique, le seul gage de survie, et se blottir l'un contre l'autre fut de tout temps l'ultime remède à l'angoisse du désespoir. L'amour appelle aussi un cœur brûlant, et l'on sait les ravages que fait la flamme de la passion. L'énergie amoureuse s'exprimait au XVIIIᵉ siècle en des termes plus poétiques encore : les amants éprouvaient mutuellement des transports — transports amoureux, s'entend — qui les menaient au septième ciel bien avant la généralisation des transports en commun...

Bref, pour la chaleur animale, nous voici convaincus ; mais d'où vient-elle ? Tout simplement des aliments consommés, puis lentement consumés par l'organisme qui les brûle : c'est la fameuse combustion lente (celle des poêles qui portent ce nom-là, ou encore des poêles à catalyse).

Mais les aliments nous ramènent inévitablement aux plantes, qu'il s'agisse de viande — c'est-à-dire d'animaux nourris de plantes —, ou qu'il s'agisse directement de fruits, de graines ou de légumes. Pour chaque aliment, les manuels de diététique fournissent sa valeur calorique, c'est-à-dire la quantité de calories dégagée par la combustion d'une quantité déterminée de cet aliment.

Les aliments sont donc les combustibles de l'organisme. Ils lui fournissent des calories qu'ils ont bien dû prendre quelque part... mais où ? En ce domaine, les plantes dissimulent mieux leur jeu que nous. Elles ne sont pas chaudes au toucher et ressemblent plutôt — à température ambiante — aux animaux à sang froid. Elles ne rayonnent pas davantage la chaleur du soleil, comme le ferait une loupe, et, sur ce point, ne semblent guère plus habiles que nous à capter la chaleur solaire. Elles font même moins bien : un bon coup de soleil nous fait rôtir, et nous voici derechef cramoisis. Rien de tel chez les plantes qu'on n'a jamais vu prendre de coups de soleil ! Enfin, à la différence des animaux, elles ne « mangent » rien. Tout au moins, rien d'immédiatement palpable... D'où vient donc cette mystérieuse énergie que les plantes fournissent aux animaux mais dont on ne voit pas comment elles ont pu elle-mêmes se la procurer ? Il suffit pourtant d'embraser une bûche pour la mettre en évidence de façon spectaculaire : la flamme, le feu qui crépite, ne sont plus ceux de la passion, mais une réalité bien concrète, douloureusement tangible, une combustion vive capable d'un puissant apport énergétique. Or, comme le charbon provient de bois fossilisés, et le gaz de la décomposition de cadavres de plantes dans le ventre de la terre, c'est toujours la plante, en définitive, qui apporte son énergie puissante, indispensable ou destructrice.

Certes, l'on peut se passer de chauffage en été ; c'est ce que font durant toute l'année les habitants des pays chauds qui ont la chance de s'approvisionner en énergie à une source inépuisable : le soleil ! Or, c'est exactement ce que font les plantes. Là gît leur secret. Il n'y a en réalité aucune différence entre se chauffer au bois en hiver et au soleil en été ; sauf qu'en été on procède directement, et qu'en hiver on passe par un capteur intermédiaire : le bois, précisément.

La plante capte, grâce à sa verte chlorophylle, les rayons lumineux du soleil et utilise cette énergie pour fabriquer sa propre substance, son corps végétal : c'est la photosynthèse. Telle est la tâche fondamentale et la mission première des plantes dans la nature. Grâce à cet apport d'énergie, les plantes réussissent à associer le gaz carbonique, qu'elles puisent dans l'air par leurs feuilles, et l'eau qu'elles puisent dans le sol par leurs racines, pour fabriquer des matériaux divers, notamment des sucres qui constitueront leur propre substance. C'est la photosynthèse qui accroît chaque année la circonférence d'un tronc d'arbre en y ajoutant un cerne de plus. Elle se « déchaîne » littéralement au printemps recouvrant subitement et massivement les squelettes des arbres d'une myriade de feuilles. Ainsi les plantes créent et stockent de la matière vivante grâce à l'énergie du soleil, et peuvent restituer cette énergie lorsque cette matière est brûlée soit par le feu en combustion vive, soit par un organisme animal en combustion lente.

Mais les plantes ne s'oublient pas pour autant ! Cette énergie qu'elles peuvent fournir aux autres, elle l'utilisent en priorité pour leurs propres besoins. Ainsi voit-on les graines soulever les pierres en germant, les racines lézarder les rochers ou renverser les murs, les lianes étrangleuses enserrer leur arbre-support comme un boa au point de l'étouffer et de le tuer... Autant de scènes de la vie végétale qui passent inaperçues car elles se déroulent dans un mouvement si lent que seul le cinéma en accéléré peut nous les restituer dans toute leur spectaculaire beauté : alors les plantes s'animent, bougent et manifestent une force peu commune, insoupçonnée !

C'est précisément cette énergie-là qu'elles fournissent aux animaux qui les consomment et qui n'existent que par elles ! Car elles sont le point de départ de toutes les chaînes de la vie : c'est le grain qui nourrit la poule, à son tour dévorée par le renard, lui-même éventuellement taquiné par quelques parasites nichant dans son pelage ; c'est l'herbe des savanes que broute l'antilope, elle-même dévorée par le lion. Ainsi placées à la base de la pyramide alimentaire, qui est aussi la pyramide de la vie, les plantes ont dû exister bien avant les animaux et bien avant nous ! Il n'y aurait ni animaux ni hommes sans les plantes, qui sont le lit et le nid de leur existence ; ce que des événements tragiques comme ceux du Sahel, par exemple, illustrent de manière sinistrement évidente.

Aimer les plantes, les protéger, c'est aussi aimer les hommes, aimer les autres. Il est une manière d'aimer la nature qui est une forme authentique de la charité. De la charité entendue ici dans son sens fort de *Caritas* qui est, comme le dit le Larousse, « une des idées les plus hautes et les plus fécondes de la morale ».

Le domicile
ou « Les enquêtes de Sherlock Holmes »

Dans un ouvrage déjà ancien mais qui reste le livre de chevet de tous les botanistes et de nombreux amateurs, l'Abbé Fournier présente les 4217 espèces des *quatre flores de France.* Pourquoi pas tout simplement « de France », puisque ce livre — qui est ce qu'on appelle une « flore »

— répertorie toutes les espèces spontanées de notre territoire ? C'est que chaque espèce ne pousse pas n'importe où. Chacune a son domicile. Il est aisé de constater que les plantes poussant sur les dunes du littoral ne poussent pas dans les plaines du Nord ou de l'Est du pays, pas plus que les herbes du Var ou du Languedoc ne poussent sur les sommets alpins. Les quatre flores de France correspondent donc aux quatre grandes régions naturelles de la France : les plaines, les montagnes, le Bassin méditerranéen et le littoral.

Que les plantes ne poussent pas n'importe où est une évidence qui tombe sous le sens ! Si l'on veut composer un bouquet du 14 juillet, c'est dans un champ de céréales que l'on trouvera le bleuet, la marguerite et le coquelicot. Ce serait une erreur de prétendre récolter de la myrtille, de la gentiane ou de la digitale ailleurs qu'en montagne. Quant aux roseaux ou aux massettes, chacun sait qu'ils frangent les bords des étangs ou des ruisseaux, généralement accompagnés des saules, des reines-des-prés ou des salicaires aux longues hampes de fleurs violacées. Il faudra enfin repartir en altitude pour repérer — sinon récolter — l'edelweiss ou le chardon bleu des Alpes. Ces plantes poussent dans l'environnement qui leur convient, au point qu'un œil avisé pourra parfaitement imaginer cet environnement s'il repère les plantes en question. Car chacune recherche des conditions de vie qui lui sont les plus propices, de sorte que sa présence fournit de précieuses indications sur les caractéristiques du milieu dans lesquels on la trouve.

On pourrait imaginer un jeu télévisé du type *« La Chasse au trésor »* ou *« La Course autour du monde »*, où l'on parachuterait un botaniste averti dans une quelconque région du monde en lui laissant tout ignorer de son point de chute. A la vue des plantes qu'il observerait, il devrait pouvoir dire dans quel pays il se trouve. Il faudrait certes choisir un excellent botaniste, ayant beaucoup voyagé, car on ne saurait se prétendre tel en ne connaissant que la flore française, qui représente guère plus du centième de la flore mondiale : un seau d'eau dans la mer !

Parachuté par exemple sur de hauts plateaux venteux, il repérerait des plantes étranges, hautes de deux mètres environ, terminées par une grande rosette de feuilles qui leur donne l'allure d'un petit palmier ; leurs fleurs ressemblent à de petits soucis. Ces plantes très originales suffiraient à notre botaniste pour déduire qu'il se trouve sur les hauts plateaux des Andes, ou sur les pentes montagneuses de l'Est africain. Il examinerait alors de plus près la plante en question et, observant qu'il s'agit d'un séneçon, il pencherait pour l'Afrique ; si, au contraire, il s'agit d'un *Espéletia* — plante très voisine de la précédente —, il pencherait pour l'Amérique latine.

Pareil jeu reste à mettre en œuvre, qui exigerait un luxe de moyens assez considérables : l'isolement du botaniste pendant le voyage, son acheminement impromptu en des lieux mystérieux, le contact en direct avec un studio de télévision parisien — voilà qui n'est pas une mince affaire ! Mais l'on peut imaginer des scénarios moins aventureux, quoique tout aussi percutants, comme ces jeux « à la Sherlock Holmes » :

Le premier pourrait s'intituler : *« Meurtre en forêt »*. Sherlock Holmes enquête sur un meurtre ; le cadavre a été découvert fortuitement dans une forêt — une forêt de hêtres, pour être plus précis, car ce détail a son importance. D'après les résultats de l'autopsie, la mort remonte à trois ou quatre jours. Sherlock Holmes mène l'enquête et, à la suite de plusieurs interrogatoires, suspecte le mari d'une femme dont la victime semble bien avoir été l'amant. Bref il s'agirait d'un drame de jalousie : le mari jaloux aurait tenté de se débarrasser d'un rival et y serait parvenu.

Sherlock se rend chez le couple dont il suspecte le mari afin de soumettre les protagonistes à un interrogatoire serré. La victime a été vue vivante pour la dernière fois le 14 juillet à 15 heures. En quête d'éventuels alibis, notre inspecteur demande au mari où il était ce jour-là, à cette heure-là. « Je suis allé voir mes parents qui ont une ferme à la campagne. » Sherlock Holmes lui demande alors s'il est allé dans quelque forêt. La réponse est naturellement négative, mais le regard fouineur de l'inspecteur repère dans l'appartement un joli bouquet tricolore — bluets, marguerites et coquelicots — additionné d'une petite plante à fleurs blanches et en clochettes qu'il connaît bien.

Les coquelicots perdent leurs pétales, ce qui laisse supposer qu'ils ont déjà quelques jours. Sherlock Holmes, l'air de ne pas y toucher, demande d'où vient ce très joli bouquet. « J'aime beaucoup ces fleurs sauvages », dit-il avec un apparent détachement. Le mari répond : « Eh bien, justement, je les ai ramenées ce jour-là de chez mes parents, parce que ma femme adore les fleurs des champs. » Il se réjouit de confirmer ainsi si brillamment, de manière inattendue, son alibi. Mais Sherlock Holmes insiste : « Vous n'avez donc pas, ce jour-là, mis les pieds un seul instant dans une forêt ? » Le mari répond : « Evidemment non ! D'ailleurs, ce bouquet en est bien la preuve, puisqu'il vient d'un grand champ de blé, tout près de la ferme de mes parents. »

Sherlock Holmes déclare alors : « Je vous inculpe du meurtre de X... »

Watson, comme à son habitude, est émerveillé par la performance de son maître et n'a bien entendu rien compris. Celui-ci, patient, lui explique ses déductions : « Elémentaire, mon cher Watson ! L'aspérule odorante qui figure dans ce bouquet ne pousse qu'en forêt, plus particulièrement dans les forêts de hêtres. Jamais ailleurs ! Or, c'est précisément dans une hêtraie que le cadavre a été découvert, et j'avais été frappé de constater qu'il y avait là de très nombreuses aspérules. C'est une plante que je connais bien ; son odeur très forte de tabac blond évoque l'Amsterdamer que je fume, vous le savez, à l'occasion, et ma femme l'utilise de surcroît pour en fabriquer des liqueurs en la faisant macérer dans l'alcool. De plus, l'alibi de la visite à la ferme n'était pas suffisant, car nous n'avions aucun moyen de reconstituer avec précision l'emploi du temps, heure par heure, de ce monsieur. Le témoignage de ses parents, seule confirmation possible, étant naturellement suspect de partialité. Mais en niant être allé en forêt alors même qu'il avait récolté des aspérules pour sa femme — ce qui, eu égard au meurtre perpétré dans ladite forêt, peut paraître le comble du cynisme —, il se démasquait bel et bien... »

Voici une seconde enquête de Sherlock Holmes. Nous sommes en Champagne, l'inspecteur enquête sur un décès suspect. Le médecin a refusé le permis d'inhumer, car les symtômes du décès, tels qu'on les lui a relatés, lui paraissent étranges et ne correspondent à aucune maladie connue. Il s'est également étonné d'avoir été appelé si tard — trop tard, en vérité, puisqu'à son arrivée le malade était mort, apparemment après avoir beaucoup vomi et avoir pâti de très fortes diarrhées et de très violents maux de tête. Tout cela aurait pu n'être qu'une banale indigestion, mais le patient, aux dires de son entourage, succomba en moins d'une heure, après le déclenchement des symptômes. Bref, le médecin suspectait un empoisonnement. Toutefois, l'autopsie ne permit de détecter aucun poison dans le contenu intestinal ou dans le sang du cadavre.

La victime est un homme marié et Sherlock Holmes enquête sur les mobiles et les modalités d'un meurtre éventuel. Mais cette fois, l'histoire est l'inverse de la précédente : l'épouse a un amant ; le mari est un homme très fortuné, mais également très avare. Sa femme ne bénéficie que fort chichement de cette fortune. Aussi notre détective pense-t-il qu'il pourrait s'agir d'un meurtre crapuleux, l'amant ou l'épouse — ou les deux — ayant éliminé le mari gênant.

Sherlock Holmes note que la mort est survenue peu après un repas, alors que la victime jusque-là était en parfaite santé. Il se rend donc chez l'épouse, veuve désormais, et l'interroge. Celle-ci l'accueille à l'entrée de son jardin et le conduit jusque dans sa petite maison, au demeurant fort coquette. Sherlock Holmes, dont le regard est vif et perçant, est surpris de découvrir au jardin plusieurs hampes de digitales pourpres en fleurs, mais il ne laisse rien paraître de son étonnement. Il pense immédiatement au crime parfait, la digitale étant extrêmement toxique mais ne laissant aucune trace susceptible d'être repérée à l'autopsie. Or, l'autopsie n'a précisément rien donné. Aussi décide-t-il de frapper un grand coup et de provoquer les aveux, car sa conviction est faite : feignant de souffrir de la touffeur qui règne à l'intérieur de la maison et vantant la beauté du jardin, il convie la veuve — devenue désormais suspecte numéro 1 — à y poursuivre tranquillement leur conversation. Celle-ci accepte sans se méfier le moins du monde. Il s'arrête alors brusquement devant les digitales, s'accroupit, dégage de la terre et met à nu plusieurs pots de fleurs soigneusement camouflés, recouverts d'humus et de pierraille. Il les déterre et montre à la femme qu'un certain nombre de feuilles ont été arrachées à chacune des plantes. Celle-ci perd contenance et avoue avoir empoisonné son mari avec une soupe de feuilles de digitale mélangées à des épinards. Elle ajoute même avoir dit à son mari que si les épinards étaient amers, c'est qu'elle n'avait pas eu le temps de les blanchir...

Sherlock Holmes savait en effet que la digitale ne peut absolument pas vivre sur les sols calcaires de Champagne. Elle n'est à sa place que sur les sols granitiques des Vosges, du Massif Central, de la Bretagne, ou encore des Ardennes toutes proches. Ce qui l'avait frappé, c'était de trouver cette plante loin de ses domiciles normaux, et pourtant en pleine terre, et non pas empotée dans un sol rapporté. Comme il savait précisément qu'elle ne pouvait vivre en pleine terre champenoise, il en avait déduit que des pots devaient avoir été soigneusement enterrés et camouflés. De surcroît, l'absence de feuilles à la partie basse des tiges constituait une présomption supplémentaire — mais présomption n'est pas preuve, il lui fallait des aveux : d'où cette mise en scène spectaculaire devant le cher Watson, éberlué une fois de plus devant les performances botanico-policières de son brillant patron !

La troisième affaire concerne un problème de pollution. Elle se situe dans une petite ville du sud-ouest de la France, tapie au fond d'une vallée encaissée aux escarpements boisés. Le site est admirable, et la vie quotidienne s'écoule paisiblement au rythme des saisons, comme si la révolution industrielle n'était jamais passée par là. Hélas, au cœur de cette France profonde se pose, plus encore qu'ailleurs, le problème de l'emploi des jeunes condamnés à s'expatrier pour trouver du travail.

Un important industriel parisien vient de construire à quelques kilomètres de là une résidence secondaire. Le conseil municipal le presse d'accepter le poste de maire, afin de redonner vie à cette bourgade en déclin. Un pacte est conclu avec la population et le nouveau maire s'engage à créer un établissement industriel qui draînera la main-d'œuvre de toute la région. Ce qui est fait promptement, comme promis.

L'équilibre traditionnel de la vallée s'en trouve profondément modifié : des emplois sont créés, des activités induites se développent et l'émigration n'est plus la seule issue pour les jeunes. Une association de défense de la nature et de l'environnement voit également le jour et mobilise la population : elle exige que toute mesure soit prise pour éviter la dégradation du site et la pollution de la rivière, jusque-là miraculeusement préservée.

Une fructueuse concertation s'engage : l'usine se fond discrètement dans le paysage sans l'altérer, tandis que des mesures anti-pollution particulièrement sévères sont prises. Malheureusement, en matière de pollution, il n'y a pas de secret : ce qui ne peut être rejeté ici l'est généralement ailleurs. Dans l'air, en l'occurence, selon le principe bien connu des « transferts de pollution » d'un milieu à l'autre. On s'aperçoit donc rapidement que si l'usine respecte à peu près le cadre physique de l'environnement et la qualité des eaux fluviales, elle rejette en revanche des quantités importantes de fumées nocives au fond de cette vallée encaissée où la dispersion par le vent se fait mal ; les espaces boisés environnants manifestent les premiers symptômes du « mal des forêts », qui s'étend rapidement.

La concertation, jusque-là cordiale, entre l'association et l'industriel prend alors un ton plus aigre. Le maire conteste toute responsabilité dans le dépérissement de la forêt, au demeurant à peine perceptible, selon lui, et en aucune manière imputable aux activités de son entreprise.

Les défenseurs de l'environnement apportent alors de nouveaux arguments : n'a-t-on pas constaté que, par certain jour de brouillard, deux personnes ont dû être hospitalisées, souffrant de difficultés respiratoires sans doute en rapport avec la pollution atmosphérique ? A bout d'arguments, et pour calmer le jeu, l'industriel se décide à installer des détecteurs de pollution en différents points de la ville et de son environnement, afin de mesurer en permanence l'impact des émissions de fumée émanant de l'usine.

Ceux-ci fonctionnent durant deux ans, et l'association reçoit régulièrement un rapport prouvant que la pollution est modérée, nullement susceptible de provoquer ces atteintes à la forêt et à la santé de la pollution qu'elle avait dénoncées. Mais les leaders de l'association contestent ces chiffres. Une très vive polémique s'engage alors, dont la presse régionale puis nationale se fait l'écho.

Y a-t-il trucage ou non des chiffres ? L'usine émet-elle oui ou non des quantités importantes d'anhydride sulfureux dans l'atmosphère ? Et si oui, combien ? Le micro-climat de la vallée, l'orientation des vents permettent-ils ou non une diffusion correcte de ces polluants toxiques ? L'industriel campe obstinément sur ses positions et l'association sur les siennes. La situation est bloquée.

On apprend alors que le célèbre détective Sherlock Holmes prend quelques jours de vacances à quelques dizaines de kilomètres de là, après des enquêtes menées dans le nord de la France — celles que l'on connaît. Saisi par l'association, il accepte de « jeter un coup d'œil sur la situation », mais en aucune façon de prendre officiellement l'affaire en main. Il est en vacances, un point c'est tout. Tout au plus accepte-t-il de modifier quelque peu l'itinéraire de ses promenades pour parcourir les bois dont l'état de santé fait l'objet de la polémique. On s'étonne de cette curieuse manière de procéder ; on eût préféré l'entendre s'engager à soumettre l'industriel à la question... mais il n'en est pas question ! L'affaire en reste là et la déception est grande parmi ceux qui croyaient voir en la personne du célèbre détective le sauveur d'une situation décidément bien compromise.

Certes, on voit bien de temps à autre la silhouette de l'étrange petit homme parcourir d'un pas alerte les chemins forestiers qui bordent la vallée ; on le voit même observer longuement le tronc des arbres, parfois à la loupe, accompagné de son fidèle Watson qui, visiblement, ne comprend pas quelle nouvelle lubie s'est emparée de son maître. Car Sherlock Holmes semble vouloir faire parler les arbres ! On le voit remplir de notes son calepin sans que nul ne mesure à quoi rime cette étrange manège. Puis le célèbre détective sollicite un rendez-vous de l'industriel, qui s'empresse de le lui accorder. Mieux vaut rester dans les bonnes grâces d'un homme aussi redoutable. Sans la moindre hésitation, Sherlock Holmes l'accuse d'être responsable du très haut degré de pollution atmosphérique, confirmant ainsi la thèse de l'association de défense de l'environnement ; mais il ajoute qu'il ne cherche pas la guerre et qu'il est prêt à assumer une mission de médiateur, puisque dans cette affaire sa participation reste informelle, non officielle. Vacances obligent !

Abasourdi par ces affirmations péremptoires, le chef d'entreprise interroge le détective ; celui-ci lui explique que la meilleure méthode actuellement connue pour évaluer le degré de pollution de l'air est l'observation des lichens présents sur le tronc des arbres situés à proximité de la zone d'émission polluante. Ainsi Sherlock Holmes a-t-il constaté qu'à proximité de la bourgade, tous les lichens sans exception ont disparu, ce qui n'est en aucune manière le cas des petites villes avoisinantes où subsiste sur les troncs d'arbres une population lichenique riche et diversifiée. Mais, ici, la situation est celle du centre des grandes villes où les arbres ne portent jamais que des algues formant sur les troncs des traînées vertes et larmoyantes, où ruissellent les eaux de pluies ; mais jamais de lichens.

Au fur et à mesure que l'on s'éloigne de l'usine, certaines espèces de lichens réapparaissent, les plus résistantes d'abord, mais il faut parcourir près d'une vingtaine de kilomètres pour retrouver la population normale des lichens présents sur les troncs d'arbres de cette région. Il ne fait donc aucun doute que l'élimination massive des lichens particulièrement sensibles à la pollution atmosphérique témoigne en faveur d'un haut degré de pollution ; bien plus, Sherlock Holmes s'est fait envoyer par ses collègues anglais des documents émanant de l'Université de Nottingham, permettant de chiffrer la proportion d'anhydride sulfureux dans l'air en fonction de la nature des lichens observés : c'est ainsi que le détective, à la stupeur de l'industriel, déplie une carte où figure très exactement le niveau de pollution de chaque point où celui-ci avait installé ses détecteurs automatiques. Confondu, le chef d'entreprise avoue avoir quelque peu « modéré » les chiffres de ses détecteurs, pour tempérer les craintes de l'association de défense. Il constate que Sherlock Holmes a rétabli très précisément la vérité des chiffres par la seule observation des troncs d'arbres, et il prend conscience des dégâts psychologiques que ne manquerait pas d'entraîner la publication de ce document, mettant en cause sa bonne foi et son honnêteté. La conversation s'achève dans le fumoir de style britannique du chef d'entreprise et sur un ton d'une grande aménité. Il est décidé que la mission de Sherlock Holmes prend fin à l'instant même, mais qu'en revanche, l'industriel fera installer des filtres, qu'il importera du Japon, à la base de la cheminée de l'usine, afin de réduire dans des proportions substantielles le volume des fumées polluantes. Sa mission accomplie et ses vacances terminées, le célèbre détective regagne l'Angleterre.

L'industriel annonce alors un effort exceptionnel en faveur de la protection de l'environnement, convoque l'association de défense et présente les mesures techniques qu'il s'apprête à mettre en œuvre pour diminuer les émissions de fumée nocives ; passant des paroles aux actes, il rétablit un climat d'amicale concertation entre les différents protagonistes de cette affaire, qui s'achève par une réconciliation générale. La presse régionale, qui avait « cartonné » l'industriel suspect, rend compte de l'heureuse issue de l'affaire, tandis que Sherlock Holmes, à qui des coupures de presse sont envoyées, rit sous cape. Il se félicite d'avoir consacré une part de ses loisirs à s'initier à la botanique, « science décidément très utile pour un grand détective britannique ». Quant à Watson, il faut une fois encore tout lui expliquer, car il ne sait rien du « domicile » des lichens ni de leur amour immodéré de l'air pur.

... Et fiche d'identité de l'Auteur

Le jardin de mon père

Petit, je croyais être né dans un chou. Aujourd'hui, je ne suis toujours pas tout à fait sûr d'être né autrement. C'est qu'en effet le jardin de mon père hante mes rêves, et ma petite enfance se projette dans un autre rêve, celui que les hommes conservent confusément de leur origine, du jardin d'innocence de ce jardin d'Eden où ils virent le jour à l'aube de l'Histoire.

Issu d'une longue lignée de jardiniers attachés, dans la meilleure tradition lorraine, aux maîtres de forges des vallées sidérurgiques, mes études de pharmacie me conduisirent naturellement à la botanique. J'esquivai promptement l'officine, lui préférant prairies et forêts où j'adorais appeler chaque fleur par son nom. Plus tard, les jardins de Kandi et de Bangkok, de Singapour et de Bali, de Kaboul et d'Ispahan, de Teneriffe et de Marrakech, ponctuèrent ma vie d'autant de merveilleuses parenthèses où le bruissement des fontaines et des sources, le gazouillis des oiseaux et la splendeur des fleurs m'arrachaient au trop bruyant commerce des hommes.

Mon laboratoire universitaire ne fut que le prolongement entre quatre murs de ce jardin où, dès l'enfance, j'avais solidement plongé mes racines. Vint cependant un jour, où, à l'instar de nos premiers parents, je fus arraché à la contemplation de ce jardin par les urgentes et « écologiques » exigences de la ville de Metz, dont le patrimoine historique était gravement menacé par l'urbanisme inhumain des années 60. L'on me pressa de comprendre que mon devoir m'y appelait. Je fis donc ce que me dictait ma conscience. Ce fut un déchirement, une rupture dans une trajectoire jusque-là sans obstacle.

Après avoir tant gratté la terre, il allait désormais falloir, en tant que maire-adjoint, gratter la pierre, harmoniser la pierre blonde des grands monuments avec le lacis des rivières et des canaux et avec la verdure généreuse qui font l'âme de cette ville. Déraciné de mon univers végétal, et tandis que je m'employais obstinément à transformer Metz en jardin, je me transformais moi-même en urbain, ce dont il me faudra bien un jour me remettre.

Mais je continuai à chercher la compagnie des botanistes et des jardiniers, car ils étaient « doux » et sans malice, comme mon père et comme mes maîtres l'avaient été. Dès ma petite enfance, j'avais éprouvé une profonde connivence avec les plantes et les fleurs dont mon grand-père peuplait ses couches ; nos rencontres et nos échanges étaient ma manière à moi de garder une certaine distance vis-à-vis de ces « animaux » quelque peu inquiétants, ceux de ma propre espèce, dont je pressentais que le commerce pouvait n'être pas sans quelques désagréments. Engagé à présent sur la scène publique, je découvrais non sans étonnement, dans l'observation des fleurs, des arbres et des herbes, le fonctionnement des lois et processus qui président également à l'organisation des sociétés humaines.

Insensiblement, je me rapprochai des plantes comme elles se rapprochaient de moi. Je ne les voyais pas comme on les voit : esthétiques, décoratives ou utilitaires. Car je ne les voyais pas pour moi-même, mais j'essayais de les percevoir en elles-mêmes et pour elles-mêmes ; de mieux saisir les ressorts de leur propre vie, me souvenant qu'elles doraient déjà leurs corolles au soleil depuis plus de cent millions d'années lorsque, dernier venu dans l'échelle de la création, l'homme parut.

Sans même que j'en prisse conscience, il en résulta une vision du monde végétal que d'aucuns ont pu considérer comme originale. J'avais pris l'habitude de parcourir d'une autre manière mon jardin, pour y découvrir, dans les fleurs que j'aimais, des mœurs et des comportements qui sont aussi les nôtres. La vie s'unifiait à mes yeux en toutes ses créatures et en tous ses attributs. Je me sentais né et nourri en son sein, soumis à ses lois et à ses exigences comme la plante ou l'animal, mes amis. J'espérais bien la traverser en contemplatif amoureux, sans trop avoir à subir de la part des hommes — et moins encore à devoir leur faire subir — les contraintes et pressions que les forces de compétition et d'agression exercent universellement sur tous les êtres vivants.

Je ne rêvais que de solidarité et de coopération, celles précisément que j'observais dans les relations des insectes et des fleurs, relations quasi amoureuses qui assurent, par le jeu de la pollinisation, la pérennité de la vie végétale.

Mais la vie devait en décider autrement. Je n'échappai point aux communes exigences de l'appartenance à mon espèce, comme avait tenté de le faire mon père en se réfugiant sa vie durant au fond de son jardin. Affaibli par une série de trahisons, de deuils et d'abandons, je découvris la mort, la solitude, la précarité de notre condition. C'est alors que je dus subir, conformément à la logique de la vie, l'agression brutale de compétiteurs dans lesquels je n'avais vu jusque-là que des amis. Mûri et instruit par l'épreuve, je me sentis d'autant plus solidaire de l'arbre étouffé par la sauvage luxuriance de ses voisins, de l'herbe mal exposée et s'étiolant de chlorose. Ainsi monta en moi une nouvelle estime et une profonde pitié pour *toutes les créatures* — estime et pitié qui sont à mes yeux les attributs éternels de l'amour. Laborieusement, je m'échappai des dichotomies sommaires et des jugements simplificateurs, intégrant ce qu'on appelle communément « le mal » à ma vision du monde.

J'assimilai la fleur lumineuse et le chien fidèle à mon propre corps. Je déplorai que la tradition chrétienne, qui m'avait nourri et dans laquelle je puisais mes raisons d'exister, eût fait si piètre cas de la dignité des créatures, si promptement reléguées, lorsqu'elles semblent inutiles, au rang de sales bêtes ou de mauvaises herbes, autrement dit de nuisibles qu'il faut absolument détruire. Et je déplorai plus encore qu'il eût pu en être de même des humains en fonction de leur couleur, de leurs croyances ou de leurs idées !

Je m'effrayai — en quelque sorte à titre posthume — que notre pauvre corps eût pu faire l'objet d'un mépris analogue : les ascètes que j'admirais jadis, voici que je les trouvais étrangement cruels envers cette pauvre chair qui appartient pourtant à l'étoffe de l'univers et qui mérite à ce titre respect et considération. Qui vit jamais l'orgueilleux esprit humain, épris de lui-même et tout gonflé de son importance par des siècles d'autosatisfaction proclamée, errer sans être d'abord arrimé à un corps ?

Je m'aperçus alors que je commençais à « sentir » et à « voir » comme un Indien. Il me paraissait évident que dans la nature, tout est cohérent, tout se tient, tout « fait corps ». Les calculs d'apothicaires par lesquels on prétendait méticuleusement comptabiliser le bien et le mal, séparer les idées et la matière, la chair et l'esprit, la pensée et l'action, me parurent dérisoires et je trouvai l'homme bien téméraire de s'arroger ainsi le droit de régenter et de disséquer à sa guise, au gré de concepts qui n'appartiennent qu'à lui, l'Œuvre de Dieu. Tant d'entraves nuisant à l'épanouissement et à la liberté des créatures me paraissaient insupportables. Je me trouvais tantôt dans la peau d'un Indien, disais-je, tantôt dans le regard d'un François d'Assise qui aima les créatures dans leur infinie diversité, au grand étonnement de ses contemporains, et je sentais s'opérer lentement, à la faveur de ce changement de paysage intérieur, une nouvelle synthèse...

Chaque être, du virus jusqu'à l'homme, malade ou bien portant, faible ou fort, me paraît un autographe de Dieu.

Aussi la nature tout entière est-elle sacrée. A qui sait lire ses signes, elle révèle les lois immémoriales du fonctionnement de l'Univers. L'appréhender, la contempler, la comprendre, voilà notre mission si nous voulons nous comprendre nous-mêmes. Point n'est besoin de la posséder : l'universel appartient à tous et nous lui appartenons nous-mêmes, nous qui sommes à son image. La nature sait donner mais peut aussi reprendre. A nous de veiller à ne lui point trop prendre, pour éviter qu'elle ne vienne par un juste retour à se venger de nous !

Rejoignant l'immémoriale tradition des hommes de ma race, je parcours dans les joies et les souffrances le cycle qui du Jardin d'Eden au Jardin du Paradis jalonne les deux extrémités de notre chemin en ce monde. Long cheminement où nous progressons, accompagnés de la fête joyeuse des plantes, des cris innombrables des animaux et de la rumeur des hommes. Pourrons-nous atteindre ce terme d'un pas tranquille, en paisibles jardiniers amoureux de la terre, notre mère ? Ou bien notre démence nous fera-t-elle manquer ce terme que notre fébrilité ne nous permettrait même plus d'entrevoir ? L'avenir le dira.

Quant à l'homme des plantes, il tente laborieusement d'ajuster son pas à celui des créatures amicales qui nous accompagnent, nous précèdent et nous suivent dans les jardins de la vie, de la vie d'aujourd'hui, d'hier et de toujours.

Au « hit parade »
des records

La plante la plus gentille

Quelle est la plante la plus gentille ? Drôle de question ! Il doit y avoir beaucoup de candidates.

Il s'agit naturellement de la plante la plus gentille dans la nature, non de celle qui nous rend le plus de services. Dans nos affaires, ici, c'est toujours de la nature qu'il est d'abord question. Nous y sommes arrivés les derniers, et nous voudrions toujours y être les premiers. Or l'Évangile n'est pas tendre avec ces premiers qui, jouant des coudes et prétendant occuper les meilleures places, se retrouveront finalement en bout de queue. Laissons donc parler la nature et, sans dévaloriser l'homme, remettons-le, quand il le faut, à sa place.

Les relations entre plantes, ou encore entre plantes et animaux, sont immensément variées ; les échanges de services loyaux et amicaux sont innombrables. Comment faire un tri parmi les nombreuses candidates au titre de la plante la plus gentille ?

Après hésitation, concertation et délibération, le jury a décidé de décerner deux premiers prix *ex-aequo* : le premier à un acacia, pour sa délicatesse à l'égard des fourmis — qui d'ailleurs le lui rendent bien — et le second à un yucca, pour l'affection particulière qu'il manifeste envers un papillon !

L'acacia pousse au Mexique. Son agréable commerce avec les fourmis est si spectaculaire qu'Hernandez, dans son *Histoire naturelle du Mexique* parue en 1651, décrit déjà l'affection botanico-zoologique qui lie cette plante à « ses » fourmis. Les botanistes l'ont baptisé *Acacia cornigera*, ce qui signifie en français : porteur de cornes. Malgré son nom qui fait allusion à une particularité de son anatomie, cet acacia n'a nulle raison de s'inquiéter de la fidélité des fourmis à son égard ! Celles-ci ont conclu avec lui un pacte d'amitié et de non-agression au bénéfice mutuel des deux espèces. Voici les termes du contrat : l'acacia offre aux fourmis de nombreuses et confortables résidences dans ses épines creuses et renflées. Jusque-là, rien que de très banal, encore que le logement des fourmis soit plus fréquemment assuré, ailleurs, par des cavités qu'elles creusent elles-mêmes dans les tiges ou les troncs. Ici, c'est l'acacia qui fait le travail lui-même, et met un logement à la disposition des fourmis : cette vocation de promoteur immobilier semble propre aux acacias et à eux seuls.

Mais notre *cornigera* aime le travail bien fait. C'est un habile constructeur, spécialisé dans les deux-pièces ; car chaque épine est séparée par une cloison et comporte deux habitacles : une chambre pour les adultes, une autre pour les bébés.

L'acacia, s'il offre le gîte, offre aussi le couvert. Il prévoit pour cela des glandes distributrices de nectar, disposées sur les pétioles de ses feuilles. Jusqu'à présent, rien encore de vraiment extraordinaire : une bonne hôtellerie, voilà tout. D'autres plantes amies des fourmis en font autant. Il faut voir les artifices qu'elles déploient pour échapper à l'incertitude — toujours dangereuse, en matière affective — et attirer à elles les fourmis par des arguments irrésistibles : glandes sécrétrices de nectar, renflements producteurs d'essences, corpuscules succulents...

Notre *cornigera* a choisi la troisième de ces stratégies. Au bout de ses petites feuilles, on aperçoit des corpuscules, appelés corpuscules de Belt (du nom de Thomas Belt qui les observa le premier il y a un siècle, sans rapport aucun avec l'auteur de ce livre), qui sécrètent une nourriture spéciale pour les bébés fourmis, soigneusement équilibrée en protéines et en corps gras. Cette nourriture ne leur est servie que lorsqu'elle est à point. Les mamans fourmis vérifient soigneusement que le corpuscule est bien mûr, elles le détachent alors et l'apportent à leur progéniture.

En échange de ce triple service du gîte, du couvert et de la crèche, les fourmis défendent activement leur hôte contre toute attaque éventuelle. Tout ennemi qui se risquerait sur l'acacia s'expose à une riposte foudroyante.

Contrat parfaitement équilibré où chacun trouve son compte. On ne voit pas comment la plante pourrait faire mieux. Elle mérite vraiment le titre de la plante la plus gentille.

En revanche, dans ce genre d'association, il est des fourmis plus coopératives encore ! Certaines, nourries par la plante, lui rendent la politesse et la nourrissent à leur tour. Elles s'associent à certaines plantes tropicales qui, vivant perchées sur les arbres, ont quelque difficulté à trouver leur nourriture. Celles-ci demandent alors une pension alimentaire aux fourmis en leur offrant en échange la possibilité de loger dans des cavités creusées dans leurs tiges. Les fourmis résidentes y accumulent de nombreux déchets animaux, notamment des larves d'insectes. En rendant ces larves radio-actives (comme on l'a fait également dans le cas de plantes carnivores), on peut suivre « à la trace » l'absorption de ces substances animales par les tissus de la plante. Car ces animaux sont bel et bien « assimilés » par la plante. Les fourmis nourrissent donc les plantes qui les abritent en leur abandonnant une partie de leurs réserves alimentaires. Bref, la plante puise hardiment dans le garde-manger des fourmis ! Sa floraison et sa production de graines s'en trouvent grandement accrues, comme on le voit en comparant les plantes « fourmillières » à celles qui n'ont pas réussi à s'associer à ces collaboratrices zélées...

Cet étrange cas de figure est *unique* dans le monde végétal : il ne s'agit plus, comme c'est la règle, d'un animal qui se nourrit d'une plante, ni même — comme c'est le cas pour les quelques 450 plantes carnivores connues —, d'une plante qui se nourrit d'un animal ; mais bel et bien d'un animal qui chasse pour nourrir une plante ! La plante est littéralement « biberonnée » par les fourmis qui s'activent à son profit avec la fébrilité dont elles sont coutumières.

Bien que plus classiques, les relations amicales entre les fleurs et les insectes qui les pollinisent sont parfois émouvantes. Dans cette rubrique, c'est aux fleurs de yucca que nous avons attribué l'autre premier prix *ex aequo*, honorant la fleur la plus gentille.

Chacun connaît les yuccas, ces plantes ornementales aux longues feuilles pointues, souvent présentes dans les parcs et les jardins. Originaires des déserts de l'Ouest américain, les yuccas, lorsqu'ils fleurissent, produisent une grande hampe florale portant de nombreuses fleurs blanches en clochettes dont les pétales ne sont pas soudés. Dans les déserts arides du Mexique et d'Amérique, des insectes vivent en étroite communauté avec les yuccas. Particulièrement bien équipés, ils possèdent un appareil spécialisé dans le ramassage du pollen, ce qui est un privilège rarissime. Le yucca offre à ces insectes un abri contre la lourde chaleur du jour. Au crépuscule, ils sortent et voltigent alentour, les mâles recherchant les femelles pour les féconder. Puis les femelles prennent la situation en main : elles se posent sur les étamines, ramassent du pollen, en font une volumineuse boule qu'elles placent entre leur tête et leurs pattes avant. Elles s'envolent alors vers une autre fleur pour pondre. Elles entrent dans la fleur, porteuses du pollen qui a une consistance de mastic et qu'elles ont roulé comme une boule de neige pour l'agglomérer jusqu'à ce que cette boule soit plus grosse que leur tête.

Parvenue dans une fleur, la femelle manifeste autant de sollicitude pour sa future progéniture que pour la fleur-hôte. Bel exemple d'altruisme ! On la voit en effet se partager avec zèle entre ses rôles de mère et de pollinisatrice, dans un étrange ballet parfaitement réglé. Elle commence par grimper dans la fleur pendante et pond un œuf dans l'ovaire ; puis elle se dirige vers le stigmate, organe récepteur femelle de la fleur, et y dépose du pollen. Elle revient ensuite pondre un deuxième œuf dans l'ovaire, remonte déposer encore du pollen, et poursuit ce mouvement de va-et-vient jusqu'à ce qu'elle n'aie plus ni pollen à donner, ni œuf à pondre. Puis elle meurt, sans jamais voir sa descendance ni savoir qu'elle a assuré la nourriture de celle-ci en assurant aussi minutieusement la pollinisation. En effet, chaque larve, en éclosant dans l'ovaire, consomme environ vingt jeunes graines ; le nombre de larves par ovaire dépasse rarement six ; comme chaque ovaire comporte en moyenne deux cents jeunes graines, donc deux cents graines en puissance, on peut considérer en gros que les larves en laissent la moitié. Bref, l'ovaire des yuccas fait la part du feu : il paie comme il se doit le service de pollinisation que lui a rendu l'insecte en nourrissant ses larves avec la moitié de ses graines. Bien plus, cette sorte de régulation des naissances qui, en éliminant certaines jeunes graines, laisse aux autres de meilleures chances de développement, est habile et utile pour la plante. Les jardiniers n'en font-ils pas autant quand ils éclaircissent un semis de radis ou de fleurs pour diminuer la compétition et obtenir de meilleurs sujets ?

L'insecte accomplit donc sur la fleur du yucca le travail du jardinier dans ses plates-bandes. Le service rendu par les insectes est d'autant plus évident que les fleurs de cette plante sont incapables de s'autopolliniser spontanément, en raison de la position respective de leurs organes mâles et femelles : les étamines qui pendent vers le sol ne peuvent que répandre leur pollen par terre. Sans ces insectes, les yuccas seraient donc incapables de survivre !

Au surplus, entre cet insecte baptisé Pronuba et le

yucca, il s'agit d'un mariage strictement monogame, supposant une fidélité réciproque absolue : cas rarissime dans la nature. En d'autres termes, ils ne peuvent se passer l'un de l'autre : sans le concours de l'insecte, la plante est condamnée à rester stérile ; inversement, l'insecte ne peut survivre sans trouver dans ces fleurs abri et nourriture. Dans ce ménage, naturellement, chacun fait des concessions : la fleur abandonne à l'insecte un certain nombre d'ovaires et l'insecte se donne toutes les peines du monde, comme on l'a vu, pour réussir la pollinisation. Mais c'est un bon ménage, ce qui lui vaut d'avoir été sélectionné par le jury.

Qui de l'acacia à fourmis ou du yucca à Pronuba est la plante la plus gentille ? A vous de choisir. Nous avons préféré les classer *ex-aequo.*

La fleur la plus rusée

Le grand botaniste américain Bastian Meeuse ainsi que l'extraordinaire chasseur d'images anglais Sean Morris ont effectué une passionnante recension des mécanismes les plus subtils et les plus fascinants de la pollinisation[1]. Une moisson d'observations récentes nous est ainsi parvenue, venant s'ajouter à un dossier déjà épais de plantes au casier judiciaire chargé. On connaît de longue date les ruses et les pièges — souvent incroyablement perfectionnés — déployés par les fleurs pour asservir l'insecte pollinisateur. Mais il est difficile d'opérer un tri dans ce vaste répertoire afin de porter en tête du palmarès les fleurs les plus rusées, les plus sadiques ou les plus cruelles.

On constate que ces préoccupations ne semblent guère intéresser nos propres concitoyens. Pour un botaniste américain ou anglais, il n'est nullement déshonorant de consacrer des dizaines ou des centaines d'heures à obser-

1. Bastian Meeuse and Sean Moris, *The Sex life of flowers,* Faber and Faber, London, Boston, 1984.

ver, tapi derrière un talus, l'appareil photo ou la caméra au poing, une orchidée en vue de capter ce moment crucial de la visite du pollinisateur. Mais cet art d'observer la nature avec une infinie patience semble lié au tempérament britannique et à son flegme légendaire. Le grand Darwin ne procédait pas autrement ! Un botaniste français qui se livrerait aux mêmes exercices risquerait, en revanche, d'être promptement marginalisé au sein de sa propre communauté scientifique. Les hautes instances nationales qui gèrent la science et en sont les gardiennes du Temple, ne lui accorderaient pas un kopeck pour financer d'aussi vaines recherches. Pourtant, que de prodigieux spectacles à découvrir dans l'observation modeste du moindre recoin de pelouse, de steppe ou de désert ! C'est là que nous irons chercher la fleur la plus rusée du monde.

La plus rusée du monde ? Ici encore, il nous faut choisir parmi mille candidates. Nous avons retenu les Orchidées *Drakea* — ainsi nommées en souvenir de Miss Drake, botaniste anglaise — qui semblent exceptionnellement douées pour piéger les insectes et les condamner à véhiculer leur pollen de fleur en fleur.

Les *Drakea* sont de petites herbes exclusivement australiennes, dont il existe quatre espèces très voisines qui ne se différencient entre elles que par la forme, l'allure et la couleur d'un de leurs pétales. Ce pétale spécialisé, caractéristique des Orchidées, est le labelle.

Pour chacune des quatre espèces d'Orchidées, le labelle prend l'allure d'une femelle d'une certaine espèce de guêpe du groupe des Thynnidées. En somme, l'orchidée se déguise et se travestit en guêpe. Et pas en n'importe quelle guêpe : en une Thynnidée !

Cette capacité propre à certaines Orchidées de transformer un de leurs pétales en un mime d'insecte est tout à fait étrange ; nous y reviendrons. Mais les *Drakea* poussent l'art du mime jusqu'à ses ultimes conséquences.

Ces plantes discrètes vivent en terrains sablonneux ; elles ne possèdent qu'une seule feuille et une seule fleur, portées par une tige d'environ 20 cm de haut. Orchidées somme toute peu spectaculaires, passant inaperçues dans le paysage australien !

Le fameux labelle à allure d'insecte est fixé à l'extrémité d'un long axe flexible, d'où une forme évoquant vaguement un marteau ; d'où aussi le nom d'Orchidées-marteaux donné à ces fleurs ; d'où enfin la capacité, pour ce labelle en forme d'insecte, de se balancer à l'extrémité de son axe sous l'effet du vent ou du moindre choc.

Le problème de la pollinisation des Orchidées-marteaux est longtemps resté un véritable casse-tête botanique. Personne n'avait jamais vu d'insecte atterrir sur ces fleurs, bien qu'elles fussent si parfaitement semblables à des insectes et donc si attractives pour eux : car on savait déjà que d'autres Orchidées, telles les Ophrys, par exemple, attirent par ce stratagème des mâles d'insectes qui croient y reconnaître leurs femelles et qui, du coup, à l'issue d'une frustrante visite, emportent le pollen vers d'autres fleurs. Comment expliquer alors que ces étranges Orchidées-marteaux ne reçoivent apparemment jamais aucune visite intéressée ? Bien plus, de nombreuses Orchidées-marteaux restent non fécondées, ce qui confortait dans l'idée que ces plantes devaient avoir de sérieux « problèmes sexuels »... N'était-on pas allé jusqu'à imaginer qu'elles pouvaient être pollinisées par le vent ? Y a-t-il pire outrage pour des fleurs que la nature s'ingénie depuis des millions et des millions d'années à adapter toujours plus finement à la pollinisation par les insectes ?

C'était faire là une erreur grossière, comme l'a montré récemment Mrs Ericson en parvenant, après de patientes observations, à décrypter le mode de pollinisation de cette étrange Orchidée-marteau.

L'agent pollinisateur de ce marteau flexible est une guêpe du groupe des Thynnidées. Ces guêpes sont des parasites de larves de scarabées, qui parasitent elles-mêmes des racines. Des parasites au second degré, en quelque sorte. Lesdites larves vivent donc entièrement enterrées et les guêpes, pour s'en nourrir, doivent également s'organiser pour la vie souterraine : du coup, les femelles abandonnent leurs ailes, transformant leur capacité de vol en aptitude à vivre dans des galeries de mine. Les ailes sont évidemment des organes inutiles et encombrants pour creuser des tunnels. Ces guêpes femelles ne peuvent donc plus voler, ce qui, au moment de la reproduction, devient un handicap majeur, car les mâles, eux, ont conservé le mode de vie de leurs ancêtres et ne vivent pas sous terre.

Aussi est-ce le mâle qui, le moment venu, va prendre ses responsabilités pour pallier le lourd handicap de sa femelle. Quand celle-ci émerge de terre, pressée par l'instinct de reproduction, elle grimpe au sommet d'une plante et s'installe dans une position visible et accessible, émettant une substance chimique d'appel baptisée « phéromone sexuelle » — plus prosaïquement un parfum d'amour. Les mâles, en patrouille aérienne permanente, répondent à cet appel en forme d'effluves parfumées. La femelle ayant choisi une situation « très en vue » au sommet de sa tige, le mâle se précipite sur elle et l'arrache littéralement à son support. La femelle s'agrippe à lui par ses mandibules et le couple s'envole un peu comme un bombardier portant un missile sous son ventre (le mâle est nettement plus gros que la femelle). Mâle et femelle copulent ainsi longuement en cours de vol, le mâle promenant la femelle de fleur en fleur ; celle-ci se nourrit du nectar des fleurs qu'elle n'a jamais connues jusque-là, puisqu'elle n'a vécu qu'emprisonnée dans ses galeries souterraines où elle s'est repue de larves de scarabée. Ce vol nuptial est donc aussi un épisode gastronomique, quelque chose comme un long repas de noces qui peut durer jusqu'à 24 heures. Puis le mâle ramène la femelle dans un endroit riche en scarabées où elle pénètre dans le sol pour y poursuivre sa vie obscure et y mourir !

Or, les Orchidées-marteaux tirent astucieusement parti de ce comportement, comme si elles l'avaient minutieusement observé puis décodé. Elles modifient leur labelle de telle sorte qu'il ressemble exactement à une petite femelle

Thynnidée, bien rebondie et émettant l'odeur exacte de la phéromone émise par la vraie femelle. Cette fausse femelle se trouve à l'extrémité d'un bras court qui peut se balancer de haut en bas avec le vent. La colonne abritant les organes sexuels se trouve exactement dans l'axe de ce bras, à l'arrière de la fleur. Les mâles de Thynnidées se précipitent sur ces fausses femelles, mais ne réussissent pas à les arracher, et pour cause, de leur support ; ils se balancent alors pendant quelques instants, frappent la colonne porteuse de pollen et, finalement, quittent la fleur revêtus de celui-ci. Comme l'action se déroule en moins d'une seconde, on conçoit qu'on ait vraiment fort peu de chances de saisir la scène. Car la visite s'effectue en piqué et l'insecte, abusé, quitte promptement le mime, emportant le pollen avec lui.

De surcroît, chacune des quatre espèces d'Orchidées-marteaux n'est fécondée que par une espèce de guêpes particulière : il s'établit ainsi des couples fidèles et mono-games entre une espèce d'Orchidées et une espèce de guêpes Thynnidées. Cette stricte fidélité est due à la spé-cificité des hormones sexuelles odorantes émises par les labelles mimétiques et qui n'attirent que les mâles des espèces appariées.

Pour que le piège fonctionne sans accroc, la nature s'arrange en outre pour ne faire sortir du sol des vraies femelles qu'après la floraison des Orchidées-marteaux, de sorte que les mâles, sortant les premiers, ne trouvent au cours de leurs promenades que de fausses femelles, c'est-à-dire des labelles mimétiques qui sont alors leurs seuls partenaires. Ainsi ces fleurs sont-elles les seules à attirer l'attention des mâles, et l'histoire ne dit pas quel est le degré de frustration qu'ils peuvent en éprouver...

La nature ici n'invente pas seulement un piège extraor-dinaire pour guêpes en chaleur. Elle enchaîne de surcroît une espèce de guêpes à une espèce de fleurs — association stricte et rigoureuse, véritable mariage pour le meil-leur et pour le pire. Bref, les Orchidées-marteaux battent sans doute un record de ruse, mais elles battent également un record de fidélité, car ce type d'association strictement monogame entre une fleur et son pollinisateur, — nous l'avons vu chez les Yuccas — est extrêmement rare dans la nature. Moyennant quoi les Orchidées-marteaux ne font jamais d'hybrides, puisque le pollen d'une espèce n'est jamais véhiculé par l'insecte que sur une fleur de la même espèce. De ce fait, l'espèce reste pure de toute contamination étrangère, et l'ensemble forme un petit monde hermétique où nul n'est convié à « mettre son nez », si ce n'est l'herbivore brouteur ou le botaniste observateur... Même au fin fond de l'Australie, une plante n'est jamais seule !

La fleur la plus sadique

A la différence des orchidées-marteaux qui attirent les insectes mais pour les frustrer de toute satisfaction sexuelle, les orchidées-baquets vont un peu plus loin encore dans l'art de piéger ces pauvres bêtes en donnant à leurs fécondateurs des « émotions fortes ».

Le piège ici est une prison en forme de sabot, bien connue chez ces superbes orchidées que sont nos *Cypripedium* ou Sabots-de-Vénus. Lorsqu'un bourdon y tombe, il doit, pour s'échapper, parcourir un itinéraire spécialement balisé à son intention à l'intérieur de la fleur, au cours duquel il se chargera quasi obligatoirement de pollen.

Ce type de piège se complique dans le cas d'orchidées américaines baptisées Coryanthes, qui attirent exclusivement certaines abeilles baptisées Euglossines. Ces abeilles doivent leur nom à l'extraordinaire longueur de leur langue, qu'elles ramènent sous leur corps lorsqu'elles ne s'en servent pas ; chez quelques espèces, cette langue est si longue qu'elle fait saillie bien au-delà de l'abdomen de l'abeille. Bref, des abeilles qui tirent la langue en permanence, ce qui n'a pas empêché le botaniste Williams de

leur faire la nique et de décrire avec beaucoup de précision leur comportement, comme nous le rapportent Bastian Meeuse et Sean Morris dans leur ouvrage déjà cité.

Les femelles, de tempérament solitaire, mènent une vie
indépendante, collectant du nectar, des huiles et du pollen sur des fleurs très diverses. Les mâles ont des mœurs
beaucoup plus strictes : c'est à eux que revient la mission
de puiser, dans l'espèce d'Orchidées qui leur correspond,
un mélange de substances cireuses ou huileuses dont ils
se servent ensuite comme hormones sexuelles dans les
rituels de parade, après les avoir chimiquement transformées dans leur propre organisme.

Il serait exagéré de dire que si ces Orchidées venaient
à disparaître, les Euglossines disparaîtraient en même
temps, faute de pouvoir fabriquer les hormones sexuelles
nécessaires à leur reproduction. Ils savent en effet les
fabriquer avec des substances collectées à d'autres sources. Mais l'énergie qu'ils déploient à exploiter « leurs »
Orchidées montre que cette source particulière revêt pour
eux une importance toute spéciale.

Les rapports des mâles Euglossines avec les Coryanthes
ne sont pas de tout repos : on voit ici la nature mettre en
place de redoutables pièges qui vont de la trappe au laby-
rinthe, de la pince au crochet à crampon, évoquant tout
l'arsenal classique du sado-masochisme.

On a répertorié vingt espèces de Coryanthes, vivant
toutes en Amérique tropicale ou centrale : chacune est
pollinisée par sa propre espèce d'abeille Euglossine.
Comme chez les orchidées-marteaux, on retrouve ici une
forte spécificité dans les couples insectes-fleurs, qui sont
de type monogame.

Les Coryanthes vivent perchées dans les arbres, asso-
ciées à des fourmis qui les protègent de l'attaque des
petits herbivores : chenilles ou sauterelles. Les nids de ces
fourmis, remplis de détritus, fournissent aux racines
aériennes des Coryanthes une généreuse alimentation
(nous sommes ici proches du cas de figure des acacias,
déjà vu !). Les fleurs, de deux à sept par pied, sont pen-

dantes et leurs pétales se disposent de manière à former une sorte de baquet, ouvert en haut avec des bords abrupts et escarpés. A l'aplomb du centre du baquet pendent deux glandes sécrétant un liquide clair qui tombe goutte à goutte et remplit le baquet au cours des deux premières heures d'ouverture de la fleur. Lorsque le baquet est plein, les glandes cessent leur travail. Un tunnel s'ouvre d'un côté du baquet, exactement au niveau de la surface du liquide ; cette ouverture surmonte une petite bosse, sorte d'excroissance de la paroi du baquet : on verra qu'elle sera fort utile à l'insecte. Quant aux masses de pollen, baptisées pollinies chez les Orchidées, et aux pièces réceptives femelles, les stigmates, elles sont disposées au plafond de la sortie du tunnel.

Les fleurs jaune brunâtre émettent une odeur douce, lourde et mielleuse, très excitante pour les mâles Euglossines qui s'y précipitent dès leur ouverture. Avec leurs couleurs chatoyantes d'un vert irisé brillant ou d'un bleu ou d'un bronze parfait, ceux-ci se concentrent vite autour des fleurs, bien qu'elles soient rares dans la nature, ce qui prouve l'efficacité de leur sécrétion odorante. Ils virevoltent autour des fleurs comme s'ils voulaient se les approprier, chacun marquant son territoire au cours de combats aériens souvent violents. Puis ils commencent à atterrir sur les bords du baquet et grattent frénétiquement la substance cireuse avec leurs pattes avant. Ils décollent ensuite, font du vol sur place comme le ferait un hélicoptère, et transfèrent les substances cireuses et huileuses dans les renflements creux de leurs pattes arrière. Puis ils se posent à nouveau et répètent à l'identique la même séquence.

Sur chaque fleur, plusieurs abeilles Euglossines s'affairent ainsi à collecter les précieuses matières premières destinées à être transformées en hormones sexuelles. De temps à autre, un embryon de combat aérien se déclenche et il n'est pas surprenant que, tôt ou tard, un mâle finisse par tomber au centre de la fleur : il nage dans le liquide fluide, se débat, mais les parois cireuses et lisses l'empêchent de remonter. Il découvre alors l'entrée du tunnel, prend appui sur la bosse qui se trouve juste au-dessous de son ouverture, comme sur un marchepied, et s'engage dans l'orifice. Celui-ci est extrêmement étroit et l'abeille est obligée de se forcer un chemin en déployant de gros efforts pour s'introduire et progresser dans l'étroit passage qui lui permettra seul de s'évader. Au moment où elle entrevoit ce qu'on appellerait en politique le « bout du tunnel », une pince venant du plafond du tunnel l'agrippe brusquement entre le thorax et l'abdomen, là où le corps des insectes semble s'articuler en deux masses distinctes, et la cloue littéralement sur place. Pendant ce temps, la fleur enduit tranquillement le dos de l'abeille de ses pollinies ; le piège cesse alors de fonctionner et l'abeille, dégagée, s'envole avec le pollen sur son dos pour aller se sécher. D'autres abeilles tombent dans le liquide et suivent le même trajet que la première : mais elles échappent au piège qui, les pollinies une fois livrées, ne fonctionne plus. Aussi vont-elles traverser le tunnel pour s'échapper sans être retenues, un peu comme des spectateurs quittent une salle de spectacle par une porte tournante. Quant aux porteuses de pollen, lorsqu'elles tomberont à nouveau dans un baquet et s'engageront dans le tunnel, elles déclencheront le fonctionnement d'un crochet ramasseur fixé au plafond du tunnel, lequel arrachera les pollinies de leur dos pour les fixer sur l'organe récepteur femelle de la fleur.

Les orchidées-baquets ont donc inventé des mécanismes extrêmement sophistiqués dont la mise en œuvre reste pourtant aléatoire ; car la plupart des abeilles ne tombent pas dans le piège du baquet et, de surcroît, Coryanthes et Euglossines sont des espèces fort peu répandues. Sans doute faut-il y voir la raison de l'extraordinaire capacité d'appel de l'abeille mâle qui peut sentir un Coryanthes jusqu'à 8 kilomètres de distance. Cette rareté des orchidées et des abeilles explique que peu de fleurs soient fécondées, de sorte que la plupart des tiges ne portent qu'un seul fruit ou pas de fruit du tout ; mais il ne faut pas oublier que chaque fruit comporte en revanche des centaines de milliers de graines microscopiques ; celles-ci, emportées par le vent, assureront sans difficulté la pérennité de ces Orchidées qui ont si intelligemment lié leur destin à celui des abeilles Euglossines, formant avec elles des couples exemplaires.

Si nous avons décerné à l'Orchidée-baquet le titre de fleur la plus sadique, c'est bien qu'elle présente, dans ses rapports avec les Euglossines, tous les caractères du sadisme, cette érotisation de la douleur. Attirée par une odeur envoûtante qui manifestement l'excite plus que tout, l'abeille paie son plaisir par l'épreuve du tunnel où supplices et frayeurs lui seront infligés. Mais sa vie reste hors de danger : ces fleurs sadiques ne sont pas meurtrières. La nature se garde de confondre souffrance et assassinat ; l'humanité en fait autant, Dieu merci, faute de quoi « déviations » et audaces sexuelles ne manqueraient pas de décimer dangereusement les populations.

La fleur la plus cruelle

S'il est difficile de sélectionner la fleur la plus gentille, il l'est moins de trouver celle qui pourrait se révéler la plus méchante, encore que plusieurs familles botaniques offrent plusieurs échantillons de fleurs particulièrement cruelles pour leurs pollinisateurs.

La famille des Asclépiadacées excelle dans les équipements et comportements sado-masochistes allant parfois jusqu'à la mort. Mais les Aracées ne sont pas en reste. Aracées ne signifie point qu'elles soient sujettes à la fatigue... mais qu'elles appartiennent à la famille de l'arum. Dans cette famille, l'*Helicodiceros muscivorus* est une plante décidément bien surprenante ; on ne la trouve que dans quelques îles de la Méditerranée : en Sardaigne, en Corse et aux Baléares. Cette plante rare et étrange vit curieusement en symbiose avec les mouettes. Celles-ci se rassemblent à la saison des amours et construisent leurs nids en empruntant des matériaux et objets les plus divers. Le peu de soin que la mouette porte à l'entretien de son nid, encombré d'excréments, de nourriture prise dans la mer et régurgitée, d'oisillons morts, d'œufs pourris, en font un lieu de prédilection pour les mouches à viande. L'*Helicodiceros muscivorus* (c'est-à-dire « dévoreur de mouches ») a réalisé que ce qui est bon pour les mouettes l'est également pour elle. Aussi pousse-t-elle au milieu des nids, dans les fissures et fentes de rochers, fleurissant quand la colonie de mouettes est en pleine période de reproduction. Chaque plante fabrique alors une à trois inflorescences de la taille d'une assiette, formées d'une grande pièce étalée — la spathe — d'où émerge une sorte de massue portant à sa base de nombreuses fleurs minuscules — le spadice. Ce spadice, avec ses fleurs, est enfoncé dans les tissus de la spathe où se forme une sorte de chambre nuptiale destinée à la reproduction. D'énormes essaims de mouches se précipitent dans ces assiettes tachetées de gris vert et parcourues de lignes et de veinules simulant l'allure et la couleur de la viande en décomposition ; elles sont même recouvertes de poils rouge foncé qui évoquent avec une stupéfiante ressemblance un morceau de chair pourrissante. La plante tout entière dégage une odeur épouvantable d'une incroyable intensité, ce qui permet de la repérer à très grande distance. On peut dire que nous battons ici le record toutes catégories de la plante la plus fétide, la plus pestilentielle : on la repère à plus de 30 mètres à sa seule odeur.

Il semble bien que les moucherons préfèrent l'épouvantable remuglé de cet étrange arum à celui des résidus de viande en décomposition dans les nids de mouettes. Ils piquent donc sur la spathe, explorent sa surface à la recherche de nourriture et d'un lieu où pondre. Pour cela, ils explorent méticuleusement la surface de la spathe, comme ils le feraient d'un cadavre, et parviennent à l'entrée de la chambre où tout les conduit : les couleurs plus foncées, la plus grande densité de poils, leur orientation en direction de la chambre, l'odeur plus forte encore qui s'en échappe.

Une fois tombées dans la chambre, les mouches sont prises d'une grande excitation et pondent leurs œufs, avec de vastes frétillements d'ailes, manifestement comblées par cette odeur de pourriture et la grande humidité régnant en ces lieux. La plante est cependant avare de récompense et laissera mourir de faim tous les asticots qui naîtront de cette ponte, ne leur donnant pas la moindre trace de nourriture. Quant au sort des parents, il n'est guère plus enviable.

L'Helicodiceros a besoin d'être pollinisé et attend tout des moucherons pour ce faire. Mais il ne rétribue guère le service rendu. Les fleurs femelles fleurissent d'abord, les fleurs mâles ensuite ; les moucherons, arrivant sur la plante porteurs de pollen, pollinisent les fleurs femelles. Ils sont ensuite « gardés à vue » dans la chambre pendant trois jours, jusqu'à ce que les fleurs mâles soient mûres, afin de pouvoir emporter du pollen en quittant la fleur. Tous ne survivent pas à cette longue captivité, au point que l'inflorescence est parfois jonchée d'une telle quantité de cadavres que ceux-ci bouchent littéralement l'orifice supérieure de la chambre ! Mais au troisième jour — celui de la résurrection —, les poils qui bloquent l'entrée de la chambre se flétrissent et les captifs qui sont encore en vie remontent et s'envolent, tout emmitouflés de pollen. Les mouches, ayant la mémoire courte et devant pondre leurs œufs, retourneront se faire emprisonner dans un autre pied d'Helicodiceros, tout aussi fétide et malodorant, et risqueront à nouveau d'y laisser leur peau.

L'*Helicodiceros muscivorus* est une plante rare qui a réussi, comme le constatent malicieusement Bastian Meeuse et Sean Morris, à kidnapper et détourner à son profit des mouches à viande vivant normalement en symbiose avec les mouettes. S'il existe dans la nature des plantes plus « branchées » que d'autres, on peut dire que celle-ci en fait partie : en se branchant sur un système qui fonctionnait parfaitement sans elle et en prélevant au passage de substantiels intérêts pour sa pollinisation.

Mais le goût du meurtre n'est pas le propre de cette rareté botanique qu'est l'*Helicodiceros*. Les Aracées (toujours elles) se sont en quelque sorte spécialisées dans les pollinisations subtilement meurtrières. Un petit Arum japonais, le *Pinelia*, assure sa pollinisation par des essaims de petits moucherons. Comme tous les Arums, il possède une chambre florale délimitée par la partie inférieure de la spathe et traversée par le spadice. Dans le cas présent, cette chambre est divisée en deux compartiments : le compartiment supérieur ne comporte que des fleurs mâles, le compartiment inférieur que des fleurs femelles. Ils sont séparés l'un de l'autre par un étranglement.

Les moucherons qui visitent cet Arum tombent droit dans l'étranglement jusqu'à la chambre du bas, là où se trouve le cylindre de fleurs femelles. Si celles-ci sont réceptives, elles sont pollinisées par n'importe quel moucheron portant du pollen de *Pinelia*. Mais ces chambres n'ont pas de sortie et les visiteurs ne peuvent remonter à travers l'étranglement dont les parois lisses en surplomb les bloquent intégralement.

Plus tard, quand les fleurs mâles de la chambre supérieure sont mûres, le pollen tombe en pluie et bouche partiellement l'étranglement. Les moucherons qui arrivent alors ramassent automatiquement ce pollen et, traversant néanmoins l'étranglement, rejoignent leurs congénères morts dans la chambre inférieure. Mais celle-ci ne sera plus pour eux une chambre funéraire, car il s'est formé entre-temps un trou de sortie dans la paroi de cette chambre inférieure, sous la pression d'un tissu spécial qui gonfle et finit par s'entrouvrir.

Pour l'Arum, la chronologie est parfaite. Les insectes porteurs de pollen assurent à coup sûr la fécondation des fleurs femelles et meurent. Ceux qui, au contraire, se chargent de pollen, trouvent une issue afin d'assurer la fécondation croisée. Le décalage entre la floraison des fleurs femelles, qui s'ouvrent les premières, et celle des fleurs mâles qui s'ouvrent ensuite, rend dans cette espèce la fécondation croisée obligatoire ; et seuls seront favorisés les insectes jusque-là vierges de pollen qui, se chargeant de pollen, trouveront une issue pour le porter jusque sur une autre fleur. Malheur au contraire à ceux qui se présentent chargés de pollen sur une fleur au stade femelle : leur cargaison rendue, ils seront purement et simplement séquestrés et mourront sans reconnaissance aucune de la part de l'Arum !

A vrai dire, aucun des moucherons engagés dans le mécanisme de pollinisation de l'Arum *Pinelia* n'est à l'abri d'une catastrophe. Car ceux qui ont pu s'échapper d'une inflorescence courent toujours le risque qu'une visite à une autre leur soit fatale !

On trouve également de redoutables tueurs parmi les Arums du genre *Arisaema*. L'un d'eux attire ses visiteurs par son odeur de champignon frais. Des moucherons mâles et femelles s'y précipitent dans l'intention de s'accoupler et d'y pondre leurs œufs ; mais dans cette espèce, contrairement aux autres Arums, les inflorescences mâles et femelles sont portées par des plantes distinctes. Celles-ci sont, pour les moucherons, très inégalement fréquentables, si l'on peut dire. En effet, l'inflorescence mâle est équipée à sa base d'un trou de sortie, de sorte que les moucherons qui tombent dans la chambre nuptiale s'en échappent rapidement avec le pollen. Mais ceux qui tombent dans une inflorescence femelle, dont l'architecture est tout à fait semblable à celle de l'inflorescence mâle avec son spadice et sa spathe, n'ont aucune chance de survivre, car la chambre n'a pas d'issue et les visiteurs doivent par conséquent y mourir. Ceux qui auront apporté du pollen à cet *Arisaema* auront au moins la consolation de n'être pas morts en vain...

Chaque fécondation est donc obtenue à l'issue d'une série de meurtres dont elle est en quelque sorte la récompense. Exemple tragique où la mort est le prix de la vie. Et ces meurtres se perpétuent après chaque fécondation, tant que des fleurs au stade femelle restent disponibles et réceptives. Bref, l'agent de la pollinisation, comme certains agents secrets, est systématiquement éliminé une fois sa mission accomplie. Il meurt en service commandé, et la plante ne lui décerne même pas une médaille. Le sacrifice ici est en quelque sorte tout naturel. Ça n'est pas : le pollen ou la vie, c'est le pollen *et* la vie ! Si vous voyez un *Arisaema*, sachez que vous avez affaire à l'une des seules plantes au monde qui tue automatiquement son pollinisateur. C'est la mante religieuse du règne végétal. (Mais il y en a une autre : non plus un Arum puant, mais un nénuphar gluant. Il est vrai qu'il tue moins de monde. C'est pourquoi nous avons réservé à l'*Arisaema* la primauté dans la hiérarchie satanique des plantes qui tuent.)

Pour achever le palmarès, retour au point de départ avec le *Stapelia*, sorte de « contre-image » du yucca à qui fut décerné le prix de la plante la plus gentille. Le *Stapelia* pratique l'avortement systématique et mérite à ce titre de figurer au palmarès des plantes les plus égoïstes et les plus cruelles. Si le nénuphar a au moins l'élégance de nourrir son pollinisateur à ses bonnes heures — c'est pourquoi nous l'avons exclu de la compétition —, le *Stapelia*, lui, ne donne jamais rien et tue toujours. Un vrai monstre !

Sa fleur a d'ailleurs une allure quelque peu monstrueuse, du moins pour une fleur, car elle ressemble plutôt à une étoile de mer ou à un *Anthurus* (champignon très malodorant, de même allure). *Stapelia grandiflora* est une espèce sud-africaine de la famille des Asclépiadacées, famille bien dotée en fleurs cruelles ou sadiques, incroyablement ingénieuses dans l'art de piéger les pauvres insectes qui les fréquentent.

La fleur de ce Stapelia, aux couleurs lie-de-vin et à l'odeur de viande avariée, est visitée par des moucherons qui pondent leurs œufs indifféremment dans ses ovaires, dans des cadavres ou dans des matières fécales. La fleur est pollinisée lors de ces visites, mais elle n'a pas la bonne grâce de rendre un quelconque service en échange. Les œufs que les moucherons pondent abondamment dans ses ovaires ne donneront jamais de descendants car, au moment d'éclore, les jeunes larves mourront, faute de trouver la nourriture nécessaire pour se développer et grandir. Le Stapelia n'a pas la délicatesse du Yucca : il ne renvoie jamais l'ascenseur et entend bien recevoir sans jamais rien donner ! Cette forme égoïste, mais point si rare, de relations sociales, le Stapelia l'illustre parfaitement à l'égard de son pollinisateur, pourtant nécessaire à sa survie et à sa perpétuation en tant qu'espèce. Il se comporte donc comme un vrai parasite.

Les fleurs de Stapelia qui, chez certaines espèces, peuvent atteindre 35 cm de diamètre, cessent d'émettre leur odeur nauséabonde sitôt après leur fécondation. Le piège est donc parfait et parfaitement machiavélique — mais non gratuit. Lorsqu'elles ont eu ce qu'elles voulaient, elles cessent leur cruel manège et ne tuent pas pour le plaisir. Pratiquant sur ses pollinisateurs une politique d'avortement systématique et généralisé, elles ne leur laisseraient aucune chance et, du coup, se détruiraient elles-mêmes si ceux-ci n'avaient le caractère volage que l'on connaît aux mouches et aux moucherons... Excréments ou cadavres leur étant plus favorables, ils ont la bonne idée d'y pondre également et d'assurer ainsi leur descendance — et, du même coup, indirectement, celle des Stapelia.

La vie du Stapelia et sa survie en tant qu'espèce dépendent donc, par moucherons interposés, de la mort des animaux qui l'environnent ou de la présence alentour de leurs excréments. Plante en définitive cruelle mais instructive : au terme de ce palmarès, elle nous rappelle que, dans la nature, la mort et la vie sont décidément indissociables. Mieux : ici, c'est de la mort que naît la vie. Belle leçon à méditer, d'autant que dans les chaînes écologiques, le Stapelia nourrit à son tour de minuscules insectes qui se délectent de sa chair... Ainsi, la plante la plus cruelle est-elle pour ces derniers la plus gentille. Tout dépend ici du point de vue auquel on se place.

Les arbres les plus grands

Les arbres géants font partie du folklore des États-Unis où tout est hors d'échelle, les œuvres de la nature comme celles de l'homme ! C'est en Californie, au Sequoia National Park, que vivent les colosses du monde végétal : les Séquoias.

Ils existaient aussi en Europe, mais l'avancée des glaciers arctiques qui, par quatre fois au cours du dernier million d'années, envahirent le nord du continent, a fini par les éliminer. Le sud de l'Europe ne permet guère en effet une migration salvatrice pour les végétaux, talonnés par les banquises et évidemment inaptes à traverser la Méditerranée : beaucoup d'herbes et d'arbres se trouvèrent donc coincés, incapables d'envoyer leurs graines jusqu'en Afrique du Nord. Ils ne subsistèrent en Europe qu'à l'état de fossiles. Tel fut le cas des Séquoias.

Ils connurent un sort plus favorable dans l'Ouest américain où, sous la pression des mêmes banquises menaçantes, ils purent reculer en suivant les chaînes de montagnes orientées vers le sud, sans se trouver acculés à une barrière maritime. C'est ce qui les sauva ! Et c'est précisément dans ces montagnes de Californie qu'on les trouve encore.

Les Séquoias sont les plus grands êtres vivants du monde. On les reconnaît aisément : c'est le seul arbre que l'on peut frapper à poing nu sans se blesser car son écorce fibreuse est molle et amortit les chocs. Les Américains ont baptisé leurs Séquoias : ainsi, le Général Sherman, avec ses 85 mètres de haut et ses 24,30 m de circonférence à 1,50 m du sol, est-il l'un des grands monuments naturels de Californie. Avec ses 2 000 tonnes, c'est l'être vivant le plus lourd du monde. Et pourtant sa graine ne pèse que 4,7 mg. Pour donner un arbre adulte, elle multiplie donc son poids par 250 milliards... Joli travail, en vérité ! Il est vrai qu'elle prend son temps, puisqu'il faut plus de trois mille ans pour atteindre à ce résultat ! On a calculé qu'en le débitant finement, il pourrait fournir 50 milliards d'allumettes...

D'autres Séquoias, moins massifs, sont plus élancés. Un exemplaire, aujourd'hui abattu, atteignait 111,60 m, mais avec une circonférence de 13,40 m seulement à la base.

Ces arbres sont aujourd'hui soigneusement protégés, surtout les plus grands ; mais lorsqu'on les abattait encore, au siècle dernier, ils fournirent l'impressionnante collection de clichés qui font partie des annales de la conquête de l'Ouest. On voit par exemple un train de trente wagons plate-formes, chacun chargé d'une bille énorme : toutes appartenaient au même arbre... On voit encore une quinzaine de bûcherons faisant la ronde pour encercler un arbre à sa base. Ou encore un arbre sectionné par la foudre dont la base du tronc, maintenue jusqu'à 10 mètres du sol, a permis d'aménager une piste de danse. Ou encore, dans un arbre contemporain, une route s'engageant dans un tunnel aménagé au centre du tronc...

L'Europe, qui a perdu ses Séquoias au cours du dernier million d'années, les a récupérés, après la découverte de l'Amérique, comme une restitution historique de la part des États-Unis. Les Séquoias y ont été réacclimatés, mais aucun ne dépasse encore 50 mètres de haut. Ces « petits Séquoias » sont cependant souvent des arbres superbes, abondamment plantés dans les parcs et jardins publics.

L'Europe a hérité par la même occasion, mais plus tard, des sapins Douglas, dont certains peuvent atteindre 95 mètres de hauteur, talonnant de près les records des Séquoias.

Il ne semble d'ailleurs pas que le Séquoia détienne le record du monde de l'arbre le plus haut. Ce record appartient à une espèce d'Eucalyptus australiens dont un exemplaire, tombé au siècle dernier, atteignait 114,30 m. Il fut sans doute, à son époque, l'arbre le plus haut du monde.

A côté de ces chiffres impressionnants, les records européens font piètre figure ! Ils appartiennent, semble-t-il, à des sapins qui, au bout de plusieurs siècles, peuvent atteindre 55 mètres. Le sapin de Durusti, en Suisse, avait 53 mètres de haut lorsqu'il fut abattu en 1947, âgé de trois cent vingt ans. L'année suivante, on abattait à Metz un peuplier géant ayant un tour de taille de 14 mètres et une hauteur de 55 mètres ; il fallut l'abattre en raison du danger qu'il représentait, car le bois de peuplier est tendre et l'arbre aurait pu être emporté par un orage, avec tous les risques que comporte la chute d'un tel géant.

A côté de l'arbre le plus haut, il y a aussi l'arbre qui pousse le plus haut ! Tel est sans doute le privilège du cyprès du Tibet qui ne dépasse pas un mètre de hauteur mais croît à des altitudes de l'ordre de 5 000 mètres, avec une longévité pouvant atteindre deux cents ans.

C'est également aux grandes altitudes et aux hautes latitudes que pousse l'arbre le plus petit : le saule nain ! Abondant dans les régions arctiques ou montagneuses, il ne dépasse jamais quelques centimètres de hauteur ; mais ce petit saule est, comme ses grands frères, un vrai arbre, avec un tronc ligneux plus ou moins rampant et torturé sous ces climats venteux et glacés.

Les arbres les plus gros

La dendrologie, science des arbres, organise ses concours. Il s'agit en l'occurrence d'un concours de tour de taille où la palme revient à l'arbre le plus gros. Il semble qu'un conifère ait à nouveau remporté le record absolu. Il s'agit du *Taxodium* de Santa-Maria de Tulé, au Mexique. Avec son tour de taille de 50 mètres à la base et de 34 mètres à 1,50 m du sol, on le considère comme l'arbre le plus gros du monde. Il est habituel d'y voir les enfants de l'école attenante faire la ronde sans jamais réussir à l'encercler totalement, car la population enfantine du village s'est apparemment accrue moins vite que les cernes successifs élaborés par le tronc de ce géant.

Les énormes Baobabs africains et les Kauris géants néo-zélandais semblent approcher ce record, bien que l'on ne dispose d'aucune information précise à leur sujet. Les premiers sont en réalité d'énormes plantes grasses, puisque leur tronc obèse accumule de fortes quantités d'eau nécessaires dans les régions arides de type sahélien où ils croissent ; ce qui explique que leur taille souvent gigantesque ne signifie pas nécessairement une grande longévité. Un baobab ne dépasse guère quelques siècles, ce qui en fait un enfant, comparé aux grands conifères californiens détenteurs à la fois des records de taille et de longévité. Quant aux Kauris néo-zélandais, il n'en reste plus que quelques exemplaires, tant ils furent exploités au cours des derniers siècles. Ces conifères au tronc monstrueux évoquent une véritable muraille qu'escaladeraient des alpinistes.

Face à ces géants, l'Europe aligne comme d'habitude de piètres records ! Records qu'il est difficile d'établir avec précision, car les participants au concours ne manquent pas d'astuce. Et il arrive souvent que les tours de taille soient mesurés au sol et non pas, comme il conviendrait, à un mètre de hauteur. D'où des résultats peu comparatifs et perpétuellement contestés.

Un inventaire effectué en 1930 attribuait le record de France au superbe cèdre du Liban du parc du château d'Auton, en Loir-et-Cher ; le château appartient à la belle-famille de Valéry Giscard d'Estaing et le cèdre, avec sa circonférence de 12 mètres, fut abattu par une tempête en 1980 — un an avant qu'un autre orage, politique cette fois, n'emportât l'ancien président. Les grands ifs monumentaux et millénaires d'Estry et de la Haye-de-Routeau, en Normandie, atteignent également 12 mètres de circonférence (cette fois à la base). Et avec ses 14 mètres de circonférence, le peuplier abattu à Metz en 1948 était peut-être l'arbre le plus gros de France, comme il semble avoir été aussi le plus haut...

Ces beaux et grands arbres ont généralement des noms de baptême et une légende. Beaucoup sont d'ailleurs des monuments naturels classés et protégés au même titre que les monuments historiques. De sorte que la mort de tels monuments pose des problèmes ardus à l'Administration, chargée par vocation de les conserver. N'est-ce pas là, par excellence, le rôle des conservateurs préposés à cet effet ? D'où la perplexité d'un conservateur chargé de la garde d'un monument mort... D'où aussi cette question subsidiaire : un monument naturel mort est-il encore un monument ? On pourrait certes ériger un monument de pierre à la mémoire des monuments naturels morts ; ce serait un étrange monument aux morts dédié aux végétaux disparus, monument auquel personne jusqu'ici, semble-t-il, n'a jamais songé... Mais qu'en est-il d'un grand arbre mort ? Ainsi succomba à Metz, en 1981 — année décidément marquante en matière de changements politico-botaniques —, un orme séculaire frappé de la maladie qui atteint ces arbres et les décime sur toute l'Europe. Or, cet orme, monument naturel classé, se trouvait dans les jardins de l'Évêché, au centre de la ville. Ses branches mortes risquaient à tout moment de se détacher et de blesser les malheureux ecclésiastiques qui se seraient risqués par là. Il fallut d'innombrables consultations et de nombreuses réunions de la Commission des Sites pour que fussent enfin délivrés l'acte de décès et le permis d'inhumer de l'orme défunt, au grand soulagement du clergé menacé par le démembrement spontané de ce squelette géant.

Les arbres les plus vieux

Comme les végétaux vivent plus vieux que les animaux, la recherche de l'arbre le plus vieux est aussi celle de l'être vivant le plus vieux du monde. L'on crut pendant fort longtemps que c'était là le privilège des Séquoias ; le dénombrement des anneaux de bois, les cernes, a conduit à réviser ce point de vue : aucun Séquoia ne dépasse trois mille deux cents ans. Les plus vieux sont donc plus jeunes que Ramsès II, et à peine plus vieux que Salomon et la reine de Saba, ce qui n'est déjà pas si mal.

Records impressionnants, certes, mais battus par des pins poussant également en Californie, dans les White Mountains, à des altitudes dépassant 3 000 mètres. Toujours la Californie, avec ses êtres les plus vieux et ses innovations les plus récentes ! Ces pins ont une croissance extrêmement lente, un tronc très épais, un bois très dur, de surcroît ininflammable et imputrescible en raison des résines dont il est imprégné et qui le conservent spontanément. Aussi leurs squelettes, à moitié morts, aux trois quarts morts ou complètement morts, demeurent-ils très longtemps en place, hiératiques et pétrifiés, dans ces déserts d'altitude glacés, poussant plus loin encore, cette fois sous la forme d'un monument naturel décédé, les records de longévité de leurs congénères vivants. Le plus gros de ces pins, avec une circonférence de 12 mètres au pied, n'est encore qu'un adolescent de mille cinq cents ans. Pourtant, on l'appelle le Patriarche, terme inapproprié et qui reviendrait plutôt à son congénère le plus ancien dont un carotage du tronc a permis de dénombrer 4 900 anneaux... C'est lui le véritage doyen des êtres vivants : âgé de mille ans à l'époque d'Abraham, antérieur aux Pyramides, il entrait dans son troisième âge à l'époque du Christ...

En pratiquant de tels carotages sur les arbres morts, on a pu remonter à des squelettes vieux de huit mille ans : record absolu. Mais il s'agit ici d'une momie sur pied, et non plus d'un être vivant ! Quant au recordman, avec ses quatre mille neuf cents ans, il présente une allure déshydratée, noueuse, desséchée, décharnée par les vents violents : là aussi la longévité se signale par des phénomènes s'apparentant aux rhumatismes et à l'arthrose... Ce sont étrangement les arbres les plus malingres qui vivent les plus vieux, tandis que les plus gros meurent en bas âge : d'où ce faux Patriarche en bonne santé mais qui mourra plus jeune que ses frères ! Chez eux comme chez nous, obésité et longévité ne font guère bon ménage ; le taux de déshydratation apparaît comme un facteur important de pérennité, comme on le voit chez ces arbres ou chez ces centenaires ridés et desséchés qui semblent devoir vivre éternellement, tout secs, à la manière d'une graine.

Récemment, des informations non strictement vérifiées semblent devoir battre en brèche ce record de longévité au profit de cèdres japonais dont un exemplaire atteindrait cinq mille deux cents ans après datation au Carbone 14... Information à confirmer.

L'Europe, bien entendu, ne peut aligner aucun record de cet acabit. Une fois encore, elle traîne le pas derrière ces vénérables ancêtres qui la contemplent de toute leur hauteur. Faut-il attribuer à l'if de la forêt de Clifdon, à Edron en Grande-Bretagne, le record de longévité des arbres européens ? Cet if aurait en effet trois mille ans et battrait ainsi très largement les deux ifs les plus vieux de France, celui du cimetière d'Estry, dans le Calvados, et celui du cimetière de la Haye-de-Routeau, dans l'Eure, qui auraient l'un et l'autre approximativement mille sept cents ans. Il n'est malheureusement pas possible d'évaluer leur âge par carotage en comptant les cernes de bois, car ils sont creux. Et comme les arbres n'ont point d'état civil, on ignore évidemment leur date de naissance.

La longévité des oliviers relève d'un phénomène tout différent : ils rejaillissent de souche, manifestant un type de croissance très particulier et qui ne permet guère de les comparer aux arbres classiques. C'est ce qui permet de penser que certains arbres très âgés du Jardin des Oliviers ont probablement rejailli de souches existant déjà à l'époque du Christ.

La longévité des châtaigniers est elle aussi exceptionnelle. Sur les bords de la Gèvre, un châtaignier a pu être daté de huit cent vingt ans.

Les chênes atteignent également des âges vénérables. Certains exemplaires monumentaux, au Danemark, seraient vieux d'environ deux mille ans, chiffre sans commune mesure avec le record de France détenu par le chêne situé dans le village d'Allouville-Bellefosse, en Seine-Maritime, âgé d'environ neuf cents ans. Cet arbre, qui n'est plus qu'un squelette noueux rapiécé de toutes parts et muni de prothèses en raison de son grand âge, abrite dans son tronc deux chapelles superposées. Pas de datation possible, ici non plus, par carotage et calcul des anneaux, car l'arbre est creux. Mais l'on sait qu'un chêne accroît sa circonférence d'un mètre tous les cent ans, or ce chêne a approximativement 10 mètres de tour de taille, d'où un âge qui approche sans doute le millénaire...

A l'autre extrémité de l'Europe — tout au moins de l'Europe géopolitique, puisque l'Espagne fait partie des communautés européennes et que les Canaries sont espagnoles —, voici le célèbre dragonnier millénaire de Ténérife ; ce monstre végétal à l'allure antédiluvienne est en réalité fort jeune, comparé à ces congénères, puisqu'on estime son âge à six cents ans. Mais cet arbre appartient aux monocotylédones, comme les céréales, les poireaux, les tulipes, les lys, les orchidées. Ce groupe de plantes à fleurs ne fournit que très exceptionnellement des arbres, comme les palmiers par exemple. Et lorsqu'ils en fournissent, ces arbres ont toujours une espérance moyenne de vie assez brève. Ce dragonnier peut donc être considéré comme le doyen des monocotylédones, ce qui après tout n'est déjà pas si mal.

La vie frappe
les trois coups

Où la vie naît dans la soupe
(les origines de la Vie selon la science)

L'arbre le plus vieux du monde est né voici environ cinq mille ans. Mais à quand remonte le premier arbre ? Depuis quand les arbres sont-ils apparus sur la terre ? Comment y sont-ils venus ?

L'Orchidée-marteau et l'Orchidée-baquet, comme toutes les Orchidées, sont sans doute les inventions les plus récentes du monde végétal ; symétriquement, dans le monde animal, l'invention la plus récente, c'est l'homme. Est-ce pour cela que nous nous reconnaissons si bien dans les Orchidées, qu'elles nous intriguent à ce point et que nous les aimons tant ? Est-ce parce que nous sentons — ou plutôt pressentons — qu'elles sont en quelque sorte nos homologues dans l'autre règne, ce monde vert, ce monde des plantes que nous fréquentons quotidiennement mais que nous connaissons si mal ?

Il y aurait beaucoup à dire sur le face-à-face de l'Homme et de l'Orchidée, ces deux sommets de la Vie, ce qu'elle a fait de mieux dans chaque règne. Animaux et végétaux sont comme deux immenses montagnes du Continent de la vie. Mais cette vie, comment est-elle apparue ? Quand et comment a-t-elle débutée ? Quels sont, pour employer le langage policier ou médical, ses antécédents ? Bref, comment tout ce que nous voyons, tout ce que nous admirons, plantes, animaux, hommes, a-t-il bien pu commencer ? Que s'est-il passé à l'origine ?

Les scientifiques ont bien quelque idée sur le sujet et même, pour la plupart, une théorie brillante et séduisante. Mais nul ne peut prédire ce qu'elle vaudra encore en l'an 2500, car la science évolue et la vérité d'une époque est rarement celle de la suivante. On est toujours surpris, à la lecture des communications scientifiques de nos grands ancêtres, fussent-ils les plus savants de leur époque, du caractère désuet et obsolescent de leurs écrits ! Mais avons-nous songé que, dans quelques siècles, nos descendants, en nous lisant, nous trouveront sans doute pareillement démodés ?

Il se peut que le respect dont nos concitoyens entourent chercheurs et savants tienne à ce qu'ils considèrent la vérité scientifique comme immuable. Ils ont bien tort. La modestie des grands savants, d'un Einstein par exemple, dit assez combien la science recèle d'interrogations et d'incertitudes. Ainsi la modestie se doit-elle d'être la première qualité de l'homme de science.

Cela dit, la plupart des scientifiques se sont aujourd'hui mis d'accord sur une théorie des origines de la vie. Pour eux, la vie vient de la matière inerte qui n'a cessé de se transformer, de se complexifier durant des milliards d'années, pour donner la nature telle que nous la connaissons aujourd'hui.

Il y a bien quelques francs-tireurs qui, en l'occurrence, formeraient plutôt l'arrière-garde. Leur théorie remonte au XIXᵉ siècle ; encore que cette arrière-garde pourrait bien devenir un jour une avant-garde, car parmi eux figurent d'éminents savants contemporains à qui il se pourrait que l'avenir donne raison... Selon cette petite troupe de dissidents, la vie viendrait de germes disséminés dans le Cosmos et qui auraient un jour ensemencé la Terre, déclenchant le vaste processus d'évolution sur lequel tout le monde s'accorde aujourd'hui. Cette théorie fut proposée par le Suédois Arrhénius à la fin du XIXᵉ siècle sous le nom de panspermie. Mais les tenants de cette panspermie sont très minoritaires. La plupart des biologistes se rallient à la théorie du russe Oparine, confortée par les résultats de nombreuses expériences menées dans les laboratoires de la Nasa au cours des trente dernières années.

L'exposer en termes simples n'est pas une mince affaire. Mais tentons ce pari en langage imagé inspiré de l'art culinaire. On peut comparer la préparation et la création de la vie au travail d'un grand cuisinier mitonnant un menu, concoctant ses plats, mijotant ses recettes et ses sauces pour un banquet. Car la vie, avouons-le, est tout de même une drôle de fête ! Voyez ses composantes incroyablement diverses, ses ingrédients innombrables que sont les multiples espèces de végétaux et d'animaux qui peuplent la terre. Ce plat fabuleux, c'est la nature telle que nous la connaissons. Et sa préparation met en œuvre toute une série de recettes nécessaires à l'élaboration et à l'association de ces multiples ingrédients.

Au début, naturellement, on allume le feu !

Qui, « on » ? Dieu ? L'Être ? Le hasard ? A chacun de choisir... Et quel feu ? Un extraordinaire feu d'artifice : le fameux Big-Bang initial qui donna naissance à l'Univers. Une boule d'énergie pure, infiniment concentrée, explose puis se dilate indéfiniment ; elle contient toute la matière et toute l'énergie de l'Univers. D'elle naissent toutes les galaxies, toutes les étoiles, toutes les planètes ; et cela se passa il y a quinze milliards d'années. Et avant ? Y avait-il un avant ? Mystère total ! La science l'ignore.

Il y a dix milliards d'années se forme le système solaire. C'est la mise en œuvre de la première recette. Le jeune système est un immense tourbillon de matières tournant à toute vitesse comme dans une centrifugeuse. Les éléments les plus lourds et les plus durs s'agglomèrent et forment les planètes dures : Mercure, Vénus, la Terre, Mars, les astéroïdes ; les éléments les plus légers donneront le Soleil et les planètes gazeuses : Jupiter, Saturne, Uranus et Neptune. Au fond, tout se passe comme lorsqu'on baratte du lait pour faire du beurre : les gouttelettes graisseuses s'agglomèrent en masse compacte — le beurre, précisément —, tandis que la phase aqueuse se sépare et forme le petit-lait. A la fin du processus, il y a plus de petit-lait qu'il n'y a de beurre, comme il y a plus d'éléments gazeux que de planètes dures. Bref, cette phase d'élaboration du système solaire est une sorte d' « écrémage cosmique », comme on a pu l'écrire.

Il y a 4,5 milliards d'années, la jeune Terre est encore une boule brûlante de lave gluante dont la surface commence à refroidir. Une croûte se forme comme lorsqu'on laisse refroidir du lait de ferme ni écrémé, ni homogénéisé, ni pasteurisé, après l'avoir fait bouillir. Cette croûte, c'est la crème que l'on ne voit plus guère aujourd'hui sur les laits « modernes ». Sa surface se ride, se boursoufle, crève çà et là, laissant s'échapper des bulles gazeuses. Il en est de même pour la Terre juvénile ; elle évolue comme du lait bouilli qu'on laisserait refroidir. Et le gaz qui s'en échappe forme sa première atmosphère. A vrai dire, cette atmosphère est tout le contraire d'une atmosphère, car elle est parfaitement irrespirable, littéralement asphyxique. Avec sa teneur élevée de méthane, composant essentiel du grisou, d'ammoniac, dont on connaît l'odeur, et de vapeur d'eau, et en l'absence totale d'oxygène, cette atmosphère serait plutôt une « asphoxphère ». Mais il n'y a encore personne pour respirer, et l'absence d'oxygène ne porte donc préjudice à qui que ce soit. Tandis que la surface continue à refroidir, la vapeur d'eau se condense et tombe en gouttelettes. Ce sont les premières pluies. Des pluies interminables, un vrai déluge qui couvre d'eau la Terre entière ! Les océans se forment et ces eaux sont tièdes, voire même chaudes, surtout à proximité des volcans où se forment d'immenses geysers ; car cette Terre juvénile est en pleine effervescence.

De l'eau et de la chaleur, voilà de quoi réussir une soupe ! C'est exactement ce qui va se produire. Mais, pour faire une soupe, encore faut-il des ingrédiens appropriés. Or, il n'y en a aucun sur cette Terre des premiers jours : ni végétal, ni animal, aucun être vivant. Point de potage aux légumes, point de potage au poulet... Qu'à cela ne tienne, on va en fabriquer ! Qui, « on » ? Dieu, le grand cuisinier ? Le hasard ? Quelque force mystérieuse, insaisissable et inconnue ? A chacun de choisir son camp.

Voici pourtant que de la matière vivante commence à s'élaborer dans ce ciel ; l'atmosphère est zébrée d'éclairs, car la Terre juvénile, avec ses vents violents, ses orages puissants, ses volcans, a de farouches colères. Cette atmosphère primitive et asphyxique est aussi traversée par les rayons ultra-violets du Soleil, très riches en énergie. Toutes ces sources énergétiques, au sein d'une atmosphère chimiquement très différente de la nôtre, déclenchent des cascades de réactions chimiques ; des molécules s'élaborent, qui tombent avec la pluie dans l'eau chaude des océans primitifs ; ceux-ci se concentrent ainsi en molécules diverses. Quelles molécules ? Celles-là mêmes, précisément, qui édifient aujourd'hui encore toute matière vivante, que l'on retrouve dans chacune de nos cellules, dans chaque cellule des plantes. Des scientifiques américains ont reconstitué en laboratoire l'atmosphère primitive de la Terre et l'ont bombardée d'apports énergétiques divers : éclairs artificiels, rayonnements ultra-violets, rayonnements radio-actifs, etc. ; et ils ont chaque fois obtenu ces mêmes molécules, confirmant expérimentalement l'intuition du russe Oparine et des premiers défenseurs de cette théorie sur les origines de la vie.

Ainsi les mers chaudes s'épaississent de molécules comme lorsqu'on pulvérise du tapioca ou du vermicelle pour épaissir une soupe. Elles deviennent d'abord un bouillon, puis s'épaississant de plus en plus, un potage épais ; et plus les molécules se concentrent, plus elles se rapprochent les unes des autres, plus les chances de réaction entre elles augmentent. Ainsi se forment des molécules de plus en plus complexes qui, en s'agençant subtilement, forment les premiers microbes déjà repérés dans des sédiments géologiques vieux de 3,8 milliards d'années. Et c'est dans cette soupe qu'apparaîtront les premières plantes : telle sera l'étape suivante de notre activité culinaire — la préparation de la soupe aux légumes...

Mais la nature procède juste à l'inverse du cuisinier.
Celui-ci prépare sa soupe avec des plantes ; la nature, au
contraire, fabrique les plantes avec de la soupe et invente,
comme nous allons le voir, les plantes dans la soupe
même !

Il faut être un peu fou, direz-vous, pour croire une
pareille histoire. C'est que, justement, la nature est un peu
folle, disons plutôt : un peu « ivre » ! Car pour fabriquer
les plantes dans la soupe, elle va d'abord « se saouler » —
oui, vous avez bien compris : « se saouler » !

Il y a quatre milliards d'années, les océans encore
chauds forment une sorte d'épais potage de molécules
plus ou moins complexes et qui commencent à s'agencer
les unes aux autres pour former les tout premiers êtres
vivants. C'est au sein de cette soupe que la vie va évoluer
durant les 9/10e de sa durée ; autrement dit, dans les
océans. Elle ne conquerra la Terre que beaucoup plus
tard, tout récemment, pourrait-on dire. En prenant pour
étalon de la durée totale du processus la valeur d'une
année, si la vie commence dans les mers un 1er janvier,
elle n'entreprendra la conquête des continents que vers le
20 novembre. Et l'homme n'apparaîtra que le 31 décembre !

Concentrons-nous sur cette « soupe chaude » — pour
reprendre l'expression du grand biologiste Haldane — où
la vie finira par s'imposer après quelques dangereux
« ratés ». En réalité, elle aura eu chaud !

Tout commence donc par une génération spontanée de
microbes dans cette fameuse soupe chaude des origines.
Avec, comme de minuscules grains de vermicelle ou de
tapioca, les tout premiers êtres vivants, encore fort simples et fort peu sophistiqués ! A partir de là, la vie à peine
enclenchée va frapper trois coups. Et lorsque le rideau se
lève, c'est la nature d'aujourd'hui que nous découvrons.

Première préoccupation pour les premiers êtres
vivants : se nourrir ! C'est-à-dire recharger ses batteries ;

et, pour cela, un seul moyen, une seule potion magique : utiliser l'énergie concentrée dans l'A.T.P. — une molécule qui s'est abondamment formée dans la soupe. Cette A.T.P., c'est un peu comme l'uranium des centrales nucléaires : on casse un atome d'uranium et cela dégage une très forte énergie. De même, on casse une molécule d'A.T.P. et elle dégage de l'énergie. Mais une fois cassée, l'A.T.P. — qui est devenue de l'A.D.P. en libérant un phosphate — ne donne plus d'énergie du tout ! Cette merveilleuse pile énergétique est « à plat ».

Les premiers êtres vivants vont donc entreprendre la course à l'A.T.P. Voraces, ils se précipitent tous sur cette mystérieuse et magnifique machine énergétique et, bien entendu, la soupe primitive s'appauvrit peu à peu en A.T.P. Bientôt, la situation devient angoissante, critique ; la vie connaît sa première crise ; une ressource essentielle commence à manquer. Première crise de l'énergie, bien avant les chocs pétroliers des années 1970 !

Une seule solution : recharger au plus vite les molécules d'A.D.P. pour en refaire de l'A.T.P., exactement comme on recharge une batterie ! Mais il n'y a pas de secret : pour charger une batterie, on la branche sur le secteur ; pour recharger l'A.T.P., comment faire ? quelles sources d'énergie utiliser ?

La vie invente alors son premier « grand coup » : elle va utiliser du sucre, présent en abondance dans la soupe, pour recharger l'A.T.P. Ces molécules de sucre se sont formées dans l'atmosphère primitive et sont tombées dans la soupe avec la pluie. La soupe est donc sucrée. Et la transformation des sucres pour recharger l'A.D.P. est une pratique encore courante aujourd'hui, puisque nous la connaissons tous sous le nom de fermentation. La fermentation transforme les sucres en alcool, avec dégagement de gaz carbonique et production d'énergie ; c'est cette énergie-là qui va servir à recharger les A.D.P. en A.T.P.

Ainsi la soupe fermente-t-elle en dégageant des bulles de gaz carbonique, exactement comme on les voit se former sous forme d'une écume à la surface des cuves de raisin, de bière, ou des tonneaux de fruits destinés à faire de l'eau-de-vie. Ce gaz carbonique, se dégageant de l'océan, s'accumule dans l'atmosphère et la transforme peu à peu ; dans le même temps, l'alcool s'accumule dans la soupe qui fermente comme n'importe quelle matière sucrée. Bref, la soupe se transforme en eau-de-vie et tout se passe comme si la nature se « saoulait »... Ou encore, en dégageant massivement du gaz carbonique, comme si elle « respirait »...

Mais les mêmes causes produisent généralement les mêmes effets, et c'est le sucre qui commence maintenant à manquer : plus la soupe s'alcoolise, moins elle est sucrée. C'est la deuxième grande crise de l'histoire de la vie ! Une grande famine en quelque sorte, bien avant celle d'Éthiopie et du Sahel... Et la vie se dit alors : maintenant ça suffit ! On ne va tout de même pas naviguer ainsi de crise en crise à perpétuité. Il faut inventer autre chose !

La vie réplique en inventant un deuxième « gros coup » : parmi les nombreuses molécules déjà présentes dans les océans, elle en distingue une : la verte chlorophylle. Cette chlorophylle, elle va l'utiliser pour refabriquer du sucre, relevant le défi de la première grande famine. Car il se fabriquait moins de sucre par génération spontanée dans l'atmosphère qu'il ne s'en consommait par fermentation dans la soupe. Il fallait donc au plus vite combler ce déficit. La chlorophylle allait permettre cette opération de manière géniale.

Voici donc la recette inventée pour fabriquer des sucres. Vous prenez dans l'océan ce qui y manque le moins : de l'eau, tout simplement. Vous prenez dans l'atmosphère le déchet de la fermentation qui vient de s'y accumuler abondamment : du gaz carbonique. Vous mélangez ces deux ingrédients et vous exposez le tout à la lumière solaire. Afin de concentrer ce rayonnement, vous utilisez un capteur solaire : la géniale molécule verte de chlorophylle. Celle-ci concentre en effet l'énergie solaire et permet à l'eau et au gaz carbonique de se combiner pour former du sucre.

Naturellement, comme toute réaction chimique, celle-ci a son déchet : de l'oxygène. Cet oxygène va à son tour se dégager dans l'atmosphère dont la composition chimique change à nouveau. Non seulement elle change quantitativement, mais elle change aussi qualitativement. Car les rayons ultra-violets du Soleil vont agir sur l'oxygène et en transformer une partie en ozone. Cet ozone, à son tour, décomposera les rayons solaires, ce qui entraînera le bleuissement de l'atmosphère. La Terre, jusque-là entourée d'une épaisse atmosphère grise et brumeuse, voit le ciel bleuir. Bref, c'est la verte chlorophylle qui engendre le bleu du ciel.

La Terre, la planète bleue, l' « oasis de l'Univers », doit à ses plantes chrolophylliennes le privilège unique de ces ciels d'azur, inconnus de toute autre planète. Sur la Lune, le ciel est noir et l'atmosphère absente ! Sur Vénus, il est gris et l'atmosphère épaisse et irrespirable !

Cet habile procédé de synthèse des sucres grâce à la chlorophylle et à la lumière, c'est la photosynthèse. Privilège des plantes vertes, car le premier être chlorophyllien — le premier être à avoir effectué la photosynthèse — est aussi la toute première plante. Elle s'est élaborée au sein de la soupe ; elle apparaît déjà dans les fossiles calcaires de Rhodésie il y a plus de trois milliards d'années !

Dès lors que le processus de photosynthèse est enclenché, la vie devient autonome ; elle se régénère spontanément à partir de l'eau et du gaz carbonique que les plantes transforment abondamment en sucres. La betterave et la canne à sucre ne font qu'exagérer, si l'on peut dire, ce processus, au point qu'il devient aisément perceptible à notre palais.

Désormais, la vie, en fabriquant directement la matière vivante à partir de l'eau, du gaz carbonique et de l'énergie solaire, n'a plus besoin d'élaborer ses molécules par génération spontanée dans l'atmosphère primitive. Il n'y a d'ailleurs plus d'atmosphère primitive : l'accumulation de gaz carbonique et d'oxygène a radicalement transformé cette atmosphère, devenue dès lors respirable, puisque riche en oxygène, ce qui rend possible l'invention par la vie de son troisième grand coup : la respiration !

Car la photosynthèse, on l'a vu, produit en très grande abondance un déchet : l'oxygène. Et ce déchet est dangereux pour les microorganismes qui vivaient jusque-là en milieu non oxygéné, anaérobie, et qui n'ont plus qu'une solution de repli : fuir et s'enfoncer dans les vases du fond des mers, un peu comme nous serions contraints de le faire si l'atmosphère était massivement contaminée par le rayonnement radioactif consécutif à un conflit nucléaire... Pour eux, c'est la fuite éperdue dans des abris sous-marins, loin de cette molécule toxique et caustique qu'est pour eux l'oxygène.

Mais d'autres êtres s'avisent que cet oxygène est en définitive tout à fait fréquentable ! Bien mieux, ils s'avisent même que cet oxygène peut les dispenser, en le réabsorbant, de faire la photosynthèse, par lequel ils le dégageaient. Ils vont faire une sorte de photosynthèse à l'envers... Puisant l'oxygène dans l'air, ils vont le recombiner aux sucres en les décomposant, dégageant du même coup l'énergie que la photosynthèse y avait accumulée en la captant dans le Soleil, et dégageant également le gaz carbonique que la photosynthèse avait utilisé pour faire les sucres. Cette énergie, ils vont s'en servir pour accomplir les petites et grandes tâches de la vie !

Ces êtres — on les aura reconnus — sont les ancêtres des animaux et, naturellement, les animaux eux-mêmes. C'est aux plantes qu'ils empruntent leur nourriture et cette nourriture, ils l'utilisent par la respiration comme source énergétique, ce qui leur confère une grande autonomie par rapport à la source primordiale qu'est le soleil : troisième invention géniale de la vie !

La vie, on le voit, réussit chaque fois ses coups en recyclant ses propres déchets. L'A.D.P. est rechargé par la fermentation du glucose et la première crise énergétique est ainsi jugulée. Le sucre, décomposé par la fermentation, est remplacé et renouvelé par la photosynthèse, et la première grande famine est ainsi évitée. Le gaz carbonique nécessaire à la photosynthèse est régénéré par la respiration, et apparaissent ainsi les animaux, en équilibre avec les végétaux, préfigurant tous les grands équilibres de l'écologie !

La vie réussit à durer parce qu'elle surmonte ses crises en recyclant et en réutilisant ses déchets. C'est là une préoccupation qui ne nous est guère familière, d'où le risque d'épuisement des ressources de la planète tant dénoncé par les écologistes. C'est l'honneur de ces derniers d'avoir à protéger et à promouvoir la vie ; c'est leur devoir de faire connaître au public, aux techniciens, aux responsables, aux scientifiques d'autres disciplines, « comment marche la vie ». Car nous vivons en son sein, nous fonctionnons comme elle, et ignorer ses lois, c'est courir au suicide !

Où la Vie naît dans les choux
(les origines de la Vie selon les mythes)

Dans toutes les mythologies, un acte créateur est à l'origine de l'homme et de la nature. L'idée qu'il n'y aurait point eu de commencement leur est étrangère. Mais dès lors qu'elles s'accordent sur le principe d'un commencement, il reste à savoir comment les choses se sont passées. Là encore, il y a accord sur les principes : cet acte créateur est toujours celui d'une divinité transformant telle ou telle matière première par le pouvoir de sa parole et de sa volonté.

La mythologie grecque nous offre de nombreuses versions de la création des hommes. Dans le mythe de Cadmos, ceux-ci naquirent tout armés des dents d'un dragon que Cadmos avait tué et qu'il sema alentour. Ces premiers hommes s'entretuèrent aussitôt (dès l'origine, on le voit, les Grecs avaient compris l'essentiel !), sauf cinq d'entre eux qui devinrent les nobles de Thèbes. On retrouve dans ce mythe le meurtre primitif qui nous renvoie à l'assassinat d'Abel par son frère Caïn et qui figure, comme l'a montré le philosophe René Girard, dans tous les mythes touchant aux origines.

Dans le mythe du Deucalion, Zeus, irrité contre les premiers hommes devenus pervers et vicieux, inonda la Terre pour les détruire. Seul Deucalion et sa femme Tira furent reconnus assez justes pour échapper au châtiment : ils construisirent une arche qui flotta neuf jours et aborda sur un sommet de Thessalie. Puis Deucalion entreprit de repeupler la Terre en jetant derrière lui les os de sa mère. Ici, l'homme naît des os d'une femme... alors que dans la Bible, c'est la femme, Ève, qui naît d'une côte de l'homme. On reconnaît aussi, dans le mythe de Deucalion, l'histoire du déluge, de Noé et de son arche, tant il est vrai que toutes les mythologies puisent au même fonds commun de croyances et de traditions.

Dans sa « Politique », Platon fait naître les hommes directement de la terre et hors de tout engendrement mutuel ; c'est qu'à l'époque, l'Univers était régi par une loi faisant se succéder tour à tour des cycles normaux, où le temps s'écoule comme nous savons, et des cycles rétrogrades au cours desquels le temps faisait marche arrière. Pendant cette remontée dans le temps, êtres et objets rétrogradaient parallèlement, de sorte que l'on assistait à l'étonnant spectacle de vieillards devenus enfants, puis rentrant dans le ventre de la terre comme des semences qui iraient s'y engloutir, jusqu'à ce que l'Univers reprenne un cycle normal. Qui créa le premier de ces vieillards destinés à retourner en enfance ? Platon ne le dit pas. Mais, dans ce mythe, il postule que les hommes sont nés de la terre et lui restent attachés par des liens étroits comme ceux qui lient l'enfant à sa mère ; d'où ce sentiment d'enracinement si puissant dans la Grèce antique ; d'où aussi la terreur de l'exil et du bannissement, châtiment pire que la mort, car il coupait l'homme des lieux et des racines censés lui avoir donné vie.

Tandis que les Grecs faisaient émerger l'homme de la terre-mère par divers artifices, c'est dans la mer que les peuplades d'Océanie situaient la naissance de l'homme. Les premiers hommes seraient nés de formations végétant sur les rivages marins, sortes de boules blanchâtres que des créatures célestes transformèrent en leur conférant une apparence humaine ; dès que leurs membres furent achevés, ces créatures sortirent de l'eau et se mirent à marcher : c'étaient les premiers hommes. Mais d'autres traditions océaniennes vont plus loin et imaginent que ces boules se mirent en mouvement à la suite d'assèchements progressifs des lagunes : seuls ceux qui réussirent à se déplier et à gagner la terre devinrent des hommes. On entrevoit ici le jeu d'une sorte de sélection naturelle favorisant les mieux adaptés au détriment des autres, ce qui n'aurait sans doute pas déplu au grand Darwin. Et on reconnaît aussi dans ce récit une étape essentielle de notre histoire, où nos ancêtres les poissons de l'ère primaire durent en effet s'arracher à la molle tiédeur des marécages en cours d'assèchement pour s'adapter et conquérir les continents. Encore fallait-il, pour que cette « libération » réussisse, que les membres de ces hommes en puissance eussent le temps de durcir afin de permettre la position verticale ; à défaut, ils étaient condamnés à ramper toute leur vie durant, devenant ainsi les premiers reptiles. Entre les premiers (dressés) et les seconds (rampants), une jalousie féroce s'instaura, de sorte qu'ils devinrent ennemis héréditaires ; car ces reptiles sont en quelque sorte des hommes imparfaits, des hommes en puissance, nés prématurément et jaloux de leurs frères réussis. D'où le symbole du serpent inspirant à nos « premiers parents » la transgression de l'interdit qui entraîna leur chute et la nôtre.

Après la terre-mère, si fondamentale dans la mythologie grecque, voici donc la mer-mère, non moins traditionnelle dans les civilisations insulaires. Mais les plantes font aussi une très bonne matière première pour fabriquer des hommes !

Dans les anciennes légendes de Perse, le grand dieu Ahura Mazda créa d'abord un premier être androgyne du nom de Gayomart. Harrimam, l'esprit du mal, l'attaqua et le tua. Voilà pour le meurtre rituel, décidément toujours présent. La semence de Gayomart pénétra la terre et, quarante ans plus tard, il en naquit un grand pied de rhubarbe à la tige rouge vif en souvenir du sang de Gayomart : c'est de cette rhubarbe que naquirent le premier homme et la première femme. Étrange origine que celle qui nous fait naître d'une rhubarbe...

Les Scandinaves proposent également une origine végétale de l'homme : le dieu Odin modela l'homme à partir d'un frêne et la femme à partir d'un aulne. Ces deux bois étaient utilisés dans les forêts du nord de l'Europe pour faire jaillir le feu, en frottant le bois tendre de l'aulne au bois dur du frêne. C'est d'ailleurs une étincelle qui anima les deux morceaux qui devinrent homme et femme.

Dans tous ces mythes, les premiers hommes naissent soit de la terre, soit de la mer, soit des plantes. Aucune divinité ne les fait sortir du néant, et ces matières premières correspondent à celles que la science met en scène dans les origines de la vie : la terre elle-même, la mer où se formèrent les premiers êtres vivants, les plantes qui enfantèrent, comme on le verra, les premiers animaux, et, à partir de là, l'homme.

Mais les Grecs avaient aussi leurs scientifiques et, parmi ceux-ci, la théorie de la génération spontanée était fréquemment avancée. Cette fois, plus de divinité, plus de force mystérieuse, mais un simple processus générateur d'individus, hors de toute intervention extérieure. Aristote donna de la génération spontanée l'explication la plus moderne pour son époque, et cette doctrine fit autorité pendant plus de vingt siècles. Mais il convient de distinguer origine des individus et origine des espèces. C'est à celle des individus que s'intéresse d'abord Aristote. De sorte que cette théorie ne détruit pas l'enseignement des grands mythes, mais tendrait plutôt à le compléter.

Pour qu'il y ait vie, il faut, selon lui, une rencontre entre un principe passif : la matière, et un principe actif : la forme. La matière est neutre, inerte, inanimée ; elle n'a pas de forme. La forme lui imprime son dynamisme, son énergie, sa vitalité ; elle anime la matière. Mais pour que la rencontre créatrice de ces deux principes porte ses fruits, encore faut-il que les conditions soient favorables.

Ainsi, van Helmond, célèbre médecin aristotélicien du XVIIe siècle, nous explique avec force détails les conditions requises pour que s'engendrent des souris par génération spontanée : il faut et il suffit de remplir une caisse de grains de blé et d'y ajouter une chemise sale imprégnée de sueur, laquelle apportera le principe vital ; on abandonne le tout à l'obscurité et vingt jours plus tard, on constate que la caisse s'est peuplée de souris.

On reste pantois devant l'incroyable naïveté de telles conceptions : aucun sens de l'observation, aucun esprit critique. Nous sommes pourtant un siècle après la Renaissance ! Or, les thèses de van Helmond ne suscitèrent aucune contestation, tant était puissant le dogme de la génération spontanée. Chacun était persuadé que les mouches naissent du fumier comme les mollusques ou les algues de la vase...

Un contemporain de van Helmond, le docteur Harvey, prit néanmoins la théorie à contrepied, déclarant que tout être vivant provient d'un œuf. Son adage célèbre, *« omne vivo ex ovo »*, introduisit la première faille dans le puissant édifice aristotélicien de la génération spontanée, qui devait définitivement s'écrouler avec les célèbres expériences de Pasteur.

Si le dogme de la génération spontanée a aujourd'hui fait long feu en ce qui concerne l'origine des individus, il reste en revanche parfaitement compatible avec ce que les scientifiques nous apprennent des origines de la Vie au sein de cette fameuse « soupe primitive » où la matière passive (l'atmosphère et l'eau) fut en quelque sorte « informée » par ces sources actives d'énergie que sont les éclairs, les radiations radioactives, la lave brûlante des volcans ou le rayonnement solaire. De cette rencontre découlèrent les premières synthèses, puis les premiers êtres vivants.

Les Grecs ne s'étaient donc pas totalement trompés. Simplement, ils avaient extrapolé à l'origine des individus un phénomène qui ne s'était produit qu'une seule fois dans l'histoire, à l'origine de la vie.

La question de l'origine de la vie butait ainsi sur la fameuse histoire de l'œuf et de la poule, ou sur son pendant végétal de la plante et de la graine. Dans les deux cas, la question était la même : qui a précédé l'autre ? Est-ce l'œuf, parce qu'il produit la poule ? Ou la poule parce qu'elle pond l'œuf ? Bref, nous voici enfermés dans un cercle vicieux, mais qui ne l'est qu'en apparence puisqu'il nous permet, de plante en graine et de poule en œuf, ou d'œuf en poule et de graine en plante, de remonter les générations jusqu'à la nuit des temps — et jusqu'à devoir nous poser la vraie question : y-a-t-il eu un début ou bien les choses vont-elles ainsi depuis toujours ?

Nous avons vu les réponses qu'apportait à ces questions la mythologie grecque. Celles de la Bible sont mieux connues et fort riches de sens.

Où la Vie naît au jardin (les origines de la Vie selon la Bible)

C'est dans le premier chapitre de la Bible que, depuis plus de vingt-cinq siècles, Juifs et Chrétiens trouvaient la réponse à la question des origines de la vie.

Problème lancinant pour nous, hommes du XXe siècle, mais qui ne préoccupait guère nos ancêtres, tant le texte biblique est clair et dénué de toute ambiguïté. Le voici dans la traduction de la Bible de Jérusalem, tel qu'il fut rédigé, semble-t-il, au VIe siècle avant J.-C. :

> Au commencement, Dieu créa le ciel et la terre. Or la terre était vide et vague, les ténèbres couvraient l'abîme, un vent de Dieu tournoyait sur les eaux.

Dieu dit : « Que la lumière soit », et la lumière fut. Dieu vit que la lumière était bonne, et Dieu sépara la lumière et les ténèbres. Dieu appela la lumière « jour » et les ténèbres « nuit ». Il y eut un soir et il y eut un matin : premier jour.

Dieu dit : « Qu'il y ait un firmament au milieu des eaux et qu'il sépare les eaux d'avec les eaux », et il en fut ainsi. Dieu fit le firmament, qui sépara les eaux qui sont sous le firmament d'avec les eaux qui sont au-dessus du firmament, et Dieu appela le firmament « ciel ». Il y eut un soir et il y eut un matin : deuxième jour.

Dieu dit : « Que les eaux qui sont sous le ciel s'amassent en une seule masse et qu'apparaisse le continent », et il en fut ainsi. Dieu appela le continent « terre » et la masse des eaux « mers », et Dieu vit que cela était bon.

Dieu dit : « Que la terre verdisse de verdure : des herbes portant semence et des arbres fruitiers donnant sur la terre selon leur espèce des fruits contenant leur semence », et il en fut ainsi. La terre produisit de la verdure : des herbes portant semence selon leur espèce, des arbres donnant selon leur espèce des fruits contenant leur semence, et Dieu vit que cela était bon. Il y eut un soir et il y eut un matin : troisième jour.

Dieu dit : « Qu'il y ait des luminaires au firmament du ciel pour séparer le jour et la nuit ; qu'ils servent de signes, tant pour les fêtes que pour les jours et les années ; qu'ils soient des luminaires au firmament du ciel pour éclairer la terre », et il en fut ainsi. Dieu fit les deux luminaires majeurs : le grand luminaire comme puissance du jour et le petit luminaire comme puissance de la nuit, et les étoiles. Dieu les plaça au firmament du ciel pour éclairer la terre, pour commander au jour et à la nuit, pour séparer la lumière et les ténèbres, et Dieu vit que cela était bon. Il y eut un soir et il y eut un matin : quatrième jour.

Dieu dit : « Que les eaux grouillent d'un grouillement d'êtres vivants et que des oiseaux volent au-dessus de la terre contre le firmament du ciel », et il en fut ainsi. Dieu créa les grands serpents de mer et tous les êtres vivants qui glissent et qui grouillent dans les eaux selon leur espèce, et toute la gent ailée selon son espèce, et Dieu vit que cela était bon. Dieu les bénit et dit : « Soyez féconds, multipliez, emplissez l'eau des mers, et que les oiseaux multiplient sur la terre. » Il y eut un soir et il y eut un matin : cinquième jour.

Dieu dit : « Que la terre produise des êtres vivants selon leur espèce : bestiaux, bestioles, bêtes sauvages selon leur espèce », et il en fut ainsi. Dieu fit les bêtes sauvages selon leur espèce, les bestiaux selon leur espèce et toutes les bestioles du sol selon leur espèce, et Dieu vit que cela était bon.

Dieu dit : « Faisons l'homme à notre image, comme notre ressemblance, et qu'il domine sur les poissons des mers, les oiseaux du ciel, les bestiaux, toutes les bêtes sauvages et toutes les bestioles qui rampent sur la terre. »

Dieu créa l'homme à son image,
à l'image de Dieu il le créa,
homme et femme il les créa.

Dieu les bénit et leur dit : « Soyez féconds, multipliez, emplissez la terre et soumettez-la ; dominez sur les poissons de la mer, les oiseaux du ciel et tous les animaux qui rampent sur la terre. » Dieu dit : « Je vous donne toutes les herbes portant semence, qui sont sur toute la surface de la terre, et tous les arbres qui ont des fruits portant semence : ce sera votre nourriture. A toutes les bêtes sauvages, à tous les oiseaux du ciel, à tout ce qui rampe sur la terre et qui est animé de vie, je donne pour nourriture toute la verdure des plantes », et il en fut ainsi. Dieu vit tout ce qu'il avait fait : cela était très bon. Il y eut un soir et il y eut un matin : sixième jour.

Ainsi furent achevés le ciel et la terre, avec toute leur armée. Dieu conclut au sixième jour l'ouvrage qu'il avait fait et, au septième jour, il chôma après tout l'ouvrage qu'il avait fait. Dieu bénit le septième jour et le sanctifia...

Ce récit ne contredit en rien les idées d'Aristote sur l'origine de la Vie : au départ, un chaos informe et vide, c'est le principe passif. Mais Dieu crée tout : ce chaos n'est pas antérieur à Lui ! S'il existe, c'est qu'il est « couvé » par le souffle de Dieu dont il tire son existence. Quant au principe actif qui lui insuffle la vie, c'est la Parole. « Dieu dit » dix fois de suite, et chacun de ces commandements est un acte créateur. La Création annonce déjà le Décalogue, ces dix Commandements qui seront donnés plus tard à Moïse. Ce verbe créateur, on le retrouvera dans le prologue de l'Évangile de Jean : « Au commencement était le Verbe... » Ce souffle qui plane sur les eaux anime et fait croître : c'est le principe féminin. Ce verbe qui crée et donne une forme : c'est le principe masculin. Quant au Père, il conçoit et reste le centre, la racine, le fondement, le cœur de toutes choses. On reconnaît là le modèle trinitaire, dont l'épure se dessine aussi en

Orient où le Tao correspondrait au Père dont les deux mains, les deux bras, esprit et parole, sont le Ying et le Yang. Universalité des grands symboles...

D'étranges convergences entre les théories scientifiques modernes sur les origines de la Vie et le récit biblique s'imposent à l'évidence :

La création de la lumière, le premier jour, évoque l'explosion de la boule d'énergie primitive, le fameux Big Bang initial.

La séparation du ciel et de la terre, au deuxième jour, évoque la formation de la planète au sein du système solaire.

L'émergence des continents hors des océans et leur verdissement par les plantes, au troisième jour, nous rappellent que celles-ci ont en effet conquis la terre avant les animaux, lesquels les suivirent, sortant des océans avec quelques millions d'années de retard.

Par contre, la création des luminaires — Soleil et Lune —, au quatrième jour, semble curieusement anachronique dans cette chronologie évolutive. Pourquoi diable apparaissent-ils si tard ? On connaît certes, en astrologie, la rétrogradation des planètes ; mais pourquoi cet étrange décalage qui rompt avec une succession d'événements présentés par ailleurs de façon concordante avec les données de la science contemporaine ?

Les choses se rétablissent à partir du cinquième jour. Voici que la mer se peuple de poissons et de monstres marins, tandis que les oiseaux envahissent le ciel. En fait, dans cette affaire, les poissons viennent un peu tard, car ils existaient déjà avant la conquête des continents par les algues marines, ancêtres des premières plantes. En revanche, l'apparition dans le ciel des oiseaux et de la gent ailée, au cinquième jour, ne contredit pas la chronologie évolutive : on sait que les oiseaux, descendants des reptiles, sont antérieurs aux mammifères.

Enfin, « bestiaux et bestioles » apparaissent le sixième jour, et Dieu, si l'on peut dire, crée l'homme dans la foulée. L'ascendance animale de l'homme est sinon suggérée, du moins chronologiquement concevable. Il faudra attendre Darwin et le XIXe siècle pour qu'elle soit clairement affirmée.

Puis c'est le week-end divin ; lequel nous vaut toujours un jour de repos tous les sept jours. On frémit à l'idée d'un Dieu qui eût mis un mois pour créer l'Univers. Nous serions alors soumis à la rude ascèse d'un *month-end* tous les trente jours... Les sociétés qui contestent les sources bibliques ont d'ailleurs une fâcheuse tendance à prolonger la semaine que le calendrier révolutionnaire avait par exemple porté à dix jours !

Les Juifs pieux ont pour le sabbat, ou septième jour, un respect profond. Ils savent que ce jour est réservé à la contemplation de l'œuvre de Dieu, à l'adoration de la paix et de la liberté, qui est notre vraie vocation. Mais l'homme est fébrile et se laisse emporter par la frénésie du faire et de l'agir. On lit dans la règle de saint Benoît que « rien ne doit être préféré à l'œuvre de Dieu » : la contemplation est donc première. Ensuite seulement le faire et le savoir faire, l'agir et l'avoir. Nous faisons l'inverse, et consommons des tranquillisants à la tonne. Nous avons tort. Nous sommes devenus les esclaves de ce que nous croyons être nos propres nécessités et priorités : la Bible nous le rappelle. Et son but est de nous libérer de notre pire ennemi : nous-mêmes. Elle rejoint en cela la constante tradition de toutes les cultures pour qui le monde est source d'extase, de contemplation. Tel semble bien être le vrai message de la Création.

Pour qui sait lire entre les lignes et connaît le sens caché des symboles, le récit de la Genèse est riche d'enseignements. S'il est d'inspiration évolutionniste et qu'en cela, il concorde de manière satisfaisante avec les théories scientifiques récentes, on y décèle d'emblée, on l'a vu, une erreur grossière : la fameuse rétrogradation des luminaires. Or, à l'époque où ce texte fut écrit — sept siècles environ avant Jésus-Christ —, les Juifs vivaient dans l'environnement culturel des peuples de Mésopotamie où ils étaient en exil. Les Babyloniens, comme les Égyptiens chez qui ils avaient vécu quelques siècles plus tôt, adoraient le Soleil qu'ils avaient déifié. Non sans raison d'ailleurs, quand on sait que par la photosynthèse il est de fait à l'origine de la Vie. Visiblement, l'auteur du texte sacré veut casser cette primauté hiérarchique du Soleil et manifester clairement qu'il n'est qu'une créature comme les autres. D'où sa « dégringolade » au quatrième jour, rétrogradation visiblement volontaire, puisqu'il est dit que les luminaires servent à séparer la lumière des ténèbres, ce qui postule explicitement qu'ils doivent avoir été créés le premier jour au moment où, justement, Dieu les sépare !

De plus, les peuples de Babylone vivaient sous l'empire des astres : l'astrologie n'avait-elle pas été fondée en Chaldée quelques millénaires auparavant ? Ils croyaient que le destin des hommes était totalement gouverné par les astres : heureux ceux qui avaient la chance de « naître sous une bonne étoile », et malheur aux autres ! Or l'auteur sacré entend briser cette fatalité et libérer le destin de l'homme ; d'où cette minoration du poids des astres dans la chronologie de la Création ; d'où aussi la prophétie du Christ sur la fin des temps, où il est dit que « les astres tomberont du ciel », définitivement vaincus, l'homme enfin libre et libéré ! Les horoscopes, cette astrologie de foire, ont certes pris leur revanche, au moins en apparence. Mais le sens profond de l'astrologie nous apparaît désormais sous sa vraie lumière : notre thème de nativité, c'est en somme notre feuille de route. Pour tous le but est le même : l'accomplissement du chef-d'œuvre que chacun, potentiellement, porte en soi, et qu'il nous appartient de réussir en devenant des êtres libres et transparents, à l'image de Dieu. Tel est notre but, telle est notre mission. Mais les itinéraires différent pour chacun, et c'est ici que résident sans doute les mystères cachés de l'ordre divin que la science moderne s'obstine à ignorer ou à taire.

L'auteur inconnu du récit de la Genèse insiste — et même lourdement — sur le fait que tout est bon, y compris les monstres marins, et jusqu'au serpent rampant, précise-t-il. Ainsi la nature toute entière est-elle bonne, par-delà les apparences premières. Dieu la crée majestueusement, souverainement, sans avoir à affronter de puissances hostiles, comme le croyaient les Grecs ou les Babyloniens.

Pour les premiers, la Terre, Gaia, en s'unissant au Ciel, Ouranos, enfanta les titans, les cyclopes et les géants. Leur père, effrayé par cette redoutable progéniture, les enfouit dans le ventre de leur mère la Terre. D'où la révolte de celle-ci qui demanda à son fils Cronos de la venger. Ce qu'il fit en châtrant son père avec une serpe géante. Sa destinée ultérieure fut des plus sombres, puisqu'il faillit même dévorer Zeus dont il était le grand-père ! Bref, tout ce qui est monstrueux, aux yeux des Grecs, ne peut que venir de la Terre dont le moins qu'on puisse dire est qu'elle n'est pas bonne par essence.

Les Babyloniens ne disaient pas autre chose ; pour eux, le monde naquit de la lutte entre forces adverses : Mardouk, dieu de la lumière, trancha le corps du dragon primordial ; de ce corps tranché naquirent le Ciel et la Terre, et de son sang Mardouk créa les hommes. Autre image sinistre où le monde est le corps d'un dragon et où l'homme voit couler dans ses veines le sang du monstre. On pense au nazisme, au goulag, aux horreurs sans fin et sans nom qui peuplent l'Histoire et les histoires.

Dans la Genèse, il en va tout autrement. Point d'affrontement, point de duel gigantesque entre les puissances du Bien et les puissances du Mal, comme l'affirmaient les peuples du Moyen-Orient. Et pourtant, cette vision simpliste, totalement étrangère à la Bible, fit de vastes ravages ; car c'est d'elle que naquit l'idée qu'il y a dans la nature des êtres utiles et des nuisibles. Or, rien de tel dans le récit sacré : toutes les créatures sont bonnes. Et si le mal existe, il n'est que la conséquence de l'orgueil des hommes qui a entraîné, après le sinistre épisode de la pomme, l'exil et la chute. Chute d'ailleurs toute provisoire, puisque Dieu promet très vite aux descendants d'Adam le salut final et renouvelle son alliance tout au long de la Bible. Promesse qui, pour s'accomplir, exige que l'homme collabore à la réussite du projet global, concluant à son tour une nouvelle alliance avec la nature, sur une terre qu'il lui appartient de jardiner avec amour.

Mais le récit de la Création est à peine terminé qu'en débute un second, tout différent. Dieu crée l'homme à partir de la glaise du sol, conformément à une tradition universellement répandue et qu'on trouve dans d'innombrables mythes, notamment ceux de la Grèce antique, déjà évoqués. Puis il plante un jardin : le jardin d'Éden, où il place l'homme. Ce jardin est peuplé d'arbres superbes, faits pour lui. Les plantes, dans ce deuxième récit, apparaissent donc après l'homme. L'ordre ici n'est plus chronologique, mais hiérarchique : dans cette hiérarchie des valeurs et de dignité, l'homme arrive en tête. Deux arbres revêtent une importance particulière : l'arbre de vie, symbole d'éternité, et l'arbre de la connaissance du bien et du mal, auquel l'homme ne doit toucher sous aucun prétexte, car nulle créature ne saurait s'arroger le pouvoir de décider de ce qui est bien et de ce qui est mal — Dieu seul est juge. Admirable assertion qui envoie au tapis tous les moralistes au petit pied qui prétendent régir ou enrégimenter les consciences. De même que nul n'est maître du destin d'autrui, et que nul n'est responsable devant qui que ce soit — hormis devant sa propre conscience dûment formée et éclairée, et devant Dieu — de ses propres actes.

Il est une seconde interprétation du récit de la chute, nullement contradictoire avec la première : l'homme qui nie la frontière entre le bien et le mal nie la règle et l'ordre de la Création, qui sont la vérité du monde. Il s'installe donc dans le mensonge.

Mais l'homme seul au Paradis avec les plantes s'ennuie ! Visiblement, ce premier homme n'est pas botaniste. Et Dieu veut lui apporter une compagnie qui lui soit assortie : il crée alors les animaux, les oiseaux, et les présente à l'homme qui donne à chacun un nom. Toutefois, il n'en trouve aucun qui lui soit vraiment assorti. Dieu endort alors Adam — nom qui signifie « tiré de la terre » — et lui prend une côte, dont il fait une femme qu'il lui présente. Et le texte poursuit :

> Alors celui-ci s'écria :
> Pour le coup, c'est l'os de mes os
> et la chair de ma chair !
> Celle-ci sera appelée « femme »,
> car elle fut tirée de l'homme.
>
> C'est pourquoi l'homme quitte son père et sa mère et s'attache à sa femme, et ils deviennent une seule chair.
>
> Or tous deux étaient nus, l'homme et sa femme, et ils n'avaient pas honte l'un devant l'autre.

Dans ce récit superbe, la femme vient donc clore la hiérarchie de la Création. Certes, tentée par le serpent, elle va bientôt pousser son nigaud de mari à cueillir et à croquer le fruit défendu, ce qui nous valut tous les ennuis que l'on sait. Car en croquant la pomme (en réalité, la Bible ne parle pas de pomme, mais de fruit de l'arbre de la Connaissance), l'homme veut devenir « comme des dieux », c'est-à-dire s'attribuer le pouvoir de jugement qui n'appartient qu'à Dieu seul. L'orgueil est bien à l'origine de notre déchéance.

La pomme, nous n'avons pas fini de la croquer ! Il suffit de regarder en nous et autour de nous pour constater la vigueur de nos appétits. Le « Moi d'abord », vigoureuse et fière devise du monde contemporain, l'illustre parfaitement, avec l'hécatombe des couples, la vaste cohorte des enfants perdus, et de tous ces malheureux condamnés à vivre, en matière de revenu comme en matière de tendresse, avec beaucoup moins que le S.M.I.C... Le « Moi d'abord » fabrique sa kyrielle de pauvres, de vrais pauvres. Amour et solidarité sont nos seules richesses, et ceci ne vaut pas seulement pour les individus ! Car l'homme, libéré de la tutelle divine, peut décider que tout est permis dès lors que cela l'arrange. Joseph Ratzinger[1] décrit parfaitement cette mentalité si particu-

---

1. Joseph Ratzinger, *Au Commencement, Dieu créa le ciel et la terre*, Fayard, 1986.

lière à l'homme moderne lorsqu'il écrit à propos du progrès technique :

« Qu'est-il permis à la technique ? Très longtemps, on a répondu clairement à partir du principe suivant : il lui est permis de faire tout ce qu'il lui est possible de faire ; l'unique faute qu'elle connaît, c'est la faute technique. Robert Oppenheimer raconte que, du jour où se présenta la possibilité de construire la bombe atomique, l'attrait de la technique, le *technically sweet* aurait constitué, pour les scientifiques, une séduction, un aimant qui les attirait, fascination de vouloir et de réaliser tout le possible, le techniquement faisable. Le dernier commandant d'Auschwitz, Höss, écrit dans son journal que le camp d'extermination fut une performance technique inouïe. Il fallait respecter le programme prévu par le ministère, la capacité des fours crématoires, leur puissance de combustion. Combiner tout cela de manière à ce qu'il n'y ait pas d'interruptions dans le fonctionnement constituait un programme fascinant, bien rodé, qui, comme tel, se justifiait en soi. On pourrait continuer longtemps avec des exemples de ce genre. Mais toutes les productions de l'horreur — dont nous voyons aujourd'hui, déconcertés et finalement impuissants, l'escalade continuelle — reposent sur une base commune. Par les conséquences de ce principe, nous devrions enfin reconnaître aujourd'hui qu'il s'agit d'une ruse de Satan, qui veut détruire le monde et les hommes. Nous devrions nous rendre compte que l'homme ne peut jamais se retirer dans le pur royaume de l'art. Dans tout ce qu'il fait, on retrouve l'homme. Pour cette raison, lui-même, la Création, le bien et le mal sont toujours présents comme sa propre mesure, et quand il nie cette mesure, il se ment à lui-même. Il ne se libère pas, mais se dresse contre la Vérité, autrement dit il se détruit, lui et le monde. »

Le second récit de la Création a porté quelque préjudice à l'image de la femme. Mais, après tout, Adam n'a guère résisté et n'a pas tardé à tomber dans le panneau. Jacques Ellul voit même les choses sous un jour particulièrement favorable à la femme, brisant ainsi la réputation quelque peu « machiste » de ce récit. Il note d'abord que ce qu'une femme a défait : Ève, une autre le restitue : Marie, ces deux femmes illustrant admirablement la dualité traditionnelle de l'image de la femme, tantôt séductrice, tantôt maternelle. La femme, dans ce récit, est créée après l'homme, un peu comme une clef de voûte de toute la Création ; créée de surcroît à partir d'une côte d'Adam, et non pas à partir de la terre ! Bref, créée à partir d'un être vivant et c'est pourquoi son nom, Ève, signifie *vie*. On comprend mieux, alors, que le serpent ait voulu tenter la femme : comme toujours, il frappe à la tête. Dans cette affaire, Adam n'est plus qu'un pitoyable exécutant. L'astuce du démon, dont l'habileté suprême est de réussir à faire croire qu'il n'existe pas et qu'il n'agit pas, c'est de bien choisir ses proies ; et il les choisit généralement de très gros calibre. Mais c'est pour finir à une femme, prostituée de surcroît, mais repentie, que le Christ apparaît en tout premier après la résurrection, le jour de Pâques. C'est elle qui, la première, va porter la bonne nouvelle aux apôtres et aux disciples qui ne verront Jésus ressuscité que plus tard.

Voilà donc pour les femmes, qui méritaient bien d'être réhabilitées depuis que les hommes tentent de leur faire porter le chapeau de la première grande bêtise de l'Histoire ! Une bêtise ou une erreur d'où découlent, selon le récit et la sagesse bibliques, toutes les autres, ce qui n'est pas peu dire...

On a parlé à ce propos de péché originel, et beaucoup débattu de ce concept théologique si difficile à admettre : naître innocent et être déjà condamné à souffrir et à mourir ! Joseph Ratzinger clarifie aussi cette notion dans ce très beau passage [1] :

> « Parce qu'il en est ainsi, on peut dire que, par suite du dérèglement du système de relations de l'homme dès le commencement, chaque être humain naît dans un monde caractérisé par le désordre des relations. Avec l'existence elle-même, qui est bonne, il hérite en même temps d'un monde troublé par le péché. Chacun de nous fait irruption dans un entrelacs dans lequel les relations sont faussées. Chacun est donc dès le début troublé dans ses propres relations. Il ne les reçoit pas telles qu'elles devraient être. Le péché tente de le faire sien, et lui contribue à accomplir le péché.

1. Joseph Ratzinger, *op. cit.*

De la sorte, il devient évident que l'homme ne peut se racheter tout seul. La faute, dans le cadre de son existence, consiste en ce qu'il se veut seulement lui-même. Or nous ne pourrons être rachetés, c'est-à-dire devenir libres et vrais, que si nous cessons de vouloir être des dieux, si nous renonçons à l'illusion de l'autonomie, de l'autarcie. Nous ne pouvons qu'être rachetés ; en d'autres termes, nous ne devenons nous-mêmes que si nous recevons et acceptons de justes relations. Mais nos relations interpersonnelles dépendent de l'équilibre de la mesure de notre condition de créature. C'est précisément là que gît le dérèglement. Comme la relation de Création est déréglée, seul le Créateur Lui-même peut être notre Rédempteur. Nous ne pouvons être rachetés que si Celui dont nous nous sommes coupés vient de nouveau vers nous et nous tend la main. C'est seulement ce qui est aimé qui est racheté, et seul l'Amour de Dieu peut purifier l'amour humain dévoyé et restaurer le système de relations aliéné dans son fondement. »

Comme nous sommes loin de la soupe d'Haldane !

Qui croire ? Que croire ?

Faut-il croire les savants ou faut-il croire les curés ? C'est en ces termes que la question se posait à la fin du XIXe siècle. Entre les deux camps, la bataille faisait rage et chacun était sommé de choisir. D'un côté la science et ses lumières, de l'autre les vieilles croyances, les vieilles lunes de l'obscurantisme.

Belle revanche sur l'impérialisme de l'Église qui, quelques siècles plus tôt, brûlait les sorcières, pourchassait les mécréants et sommait les savants de ne point trop s'écarter des voies toute tracées et des sentiers battus et rebattus de l'Écriture sainte et de la tradition.

Bref, l'Église eut son époque, et la science la sienne !

Aujourd'hui, qu'en est-il ? Le combat continue à faire rage, aux États-Unis notamment. On voit même certains États proposer sur les origines de la vie et de l'homme un double enseignement : celui de la Bible et celui de la science. Pour le président en exercice du pays le plus puissant du monde, aucun doute, aucune ambiguïté : tout a commencé comme il est dit dans la Bible. Ainsi pensent les Fondamentalistes. Pour d'autres, au contraire, séduits par les expériences qui se succèdent et semblent corroborer la théorie scientifique évolutionniste, aucun doute possible : l'auteur de la Bible était mal informé. Comment le lui reprocher, puisqu'il écrivait voici vingt-sept siècles ! C'est la science et son interprétation qui seules peuvent faire autorité.

Irréductible opposition ? On le crut longtemps, puis les choses évoluèrent. Elles évoluèrent une fois de plus à partir d'une découverte faite aux États-Unis sur la structure du cerveau humain. Chacun sait que notre cerveau ressemble à une noix avec ses deux hémisphères. Or, il se trouve que chaque hémisphère a, si l'on peut dire, sa personnalité propre. L'hémisphère gauche a ses neurones, ses cellules nerveuses reliées les unes aux autres en longues files, un peu comme ces cordes à nœuds des salles de gymnastique. Il serait le siège de la pensée déductive qui produit l'aptitude à décortiquer les versions latines ou les problèmes de mathématiques. Logique, rationnel, cartésien, il dissèque, analyse, soupèse ; il s'exprime par des signes, des chiffres et des lettres. Plus masculin que féminin, il engendre la science et semble frappé depuis quelques siècles, en Occident, d'une étonnante hypertrophie qui a produit le monde contemporain avec ses merveilles technologiques et scientifiques. Le cerveau droit, au contraire, a ses neurones empelotonnés plutôt qu'alignés. Il excelle dans l'approche intuitive, synthétique, concrète du réel. Il analyse moins qu'il ne ressent. Il est tout naturellement sensible à l'unité profonde de l'Univers ; les arts, la musique sont ses expressions familières. Ignorant les chiffres et les lettres, il s'exprime par des symboles, des images. Il parle un langage imagé, avec fables, légendes, mythes et prophéties, exprimant dans un langage simple et sans âge ces vérités éternelles qui relèvent de la sagesse des nations. Le cerveau gauche est académique : celui des professeurs ; le cerveau droit est empirique : celui des guérisseurs ! Et il existe en Afrique de grands guérisseurs, comme en Europe de grands professeurs...

Par le langage symbolique, les hommes de tous les temps et de toutes les cultures ont tenté de s'exprimer sur leurs origines, le sens de leur vie et de leur destinée. Chaque culture possède son propre trésor qui s'exprime dans ses cultes, ses religions, ses mythes et ses légendes. Des fables de La Fontaine ou des contes de Perrault au récit de la Genèse, point de différence radicale ; car ce qui compte, ce n'est point l'objectivité scientifique du récit, mais bien la morale « qu'il convient d'en tirer ». Le cerveau droit et son langage symbolique se situent d'emblée au niveau des « pourquoi », de toutes ces questions que la science laisse sans réponse puisqu'elle se situe par essence au niveau des « comment ».

La science, si prestigieuse soit-elle, n'a rien à nous dire sur le sens de la vie, sur le destin de l'homme, et moins encore sur notre propre destin personnel : elle n'est pas là dans son domaine.

La Genèse n'a rien à nous apprendre sur la composition chimique de la soupe de Haldane, dont elle n'a que faire. Ce qui importe à l'auteur sacré, c'est de nous dire l'essentiel : peu importe de savoir comment cela s'est fait, à la science de faire son travail ! Ce qui compte, c'est le message.

Chacun reconnaissant son domaine et balisant son terrain, un utile dialogue peut désormais se nouer entre les deux voies de la connaissance : celle de la science et celle de la conscience. Les adversaires d'hier se trouvent renvoyés dos à dos, puisque leur combat est désormais sans objet. Dans le meilleur des cas, ils repartent la main dans la main, enfin réconciliés !

Reste à chacun le choix de croire ou de ne pas croire aux vérités enseignées à travers les symboles, ici le récit de la Genèse. Mais aussi de croire ou de ne pas croire aux théories scientifiques qui ont généralement une longévité très inférieure aux récits symboliques. Car si l'Évangile, par exemple, paraît toujours d'une étonnante fraîcheur, on ne saurait en dire autant des théories scientifiques proposées il y a à peine un siècle et qui nous semblent déjà totalement dépassées. Que dira-t-on, dans deux ou dix siècles, de la théorie évolutionniste de la Vie, de la soupe primitive d'Haldane ? Qu'en savons-nous ? La science évolue, comme les êtres qu'elle étudie. Vouloir y rechercher des vérités éternelles serait bien imprudent.

Simplement, si les credos scientifiques rencontrent dans notre monde sécularisé un tel succès, c'est parce qu'ils paraissent une des seules réalités à peu près consistantes dans un univers fuyant de mots et d'images véhiculés à longueur de temps par tous les grands médias, au point que, prenant quelque recul, on finit par avoir le sentiment de ne plus vivre qu'à la surface, « dans la mousse de la bière ou du champagne... ». La science est tout de même plus consistante : c'est la bière ou le champagne lui-même ; mais ces liquides aussi s'écoulent, ce qui est le propre de leur condition ! Il fallait avoir une certaine audace pour affirmer : « Le ciel et la terre passeront, mais mes paroles ne passeront pas ! » Il est vrai que celui qui s'exprimait ainsi, voici 2 000 ans, devait être assez nul en science. En revanche, comme chacun peut voir, il excellait dans le maniement du langage symbolique qu'il appelait paraboles : un langage qui ne vieillit jamais et semble bien l'une des réalités les plus résistantes à l'érosion que puisse connaître la culture humaine.

Et les plantes, dans tout cela ?

Eh bien, elles « enfantèrent » un jour des animaux !

Les plantes inventent
les animaux

Des plantes qui subissent de lourdes pertes

Se demander ce qui distingue une plante d'un animal paraît à première vue une question saugrenue. Les différences sont évidentes : les plantes sont vertes grâce à la chlorophylle ; par leurs racines, elles sont fixées au sol : elles demeurent ainsi immobiles, incapables de mouvements autonomes, et ne manifestent aucune réaction lorsqu'on les touche ou qu'on les blesse ; on ne décèle pas chez elles de système nerveux, on ne les voit pas se nourrir d'aliments solides, puisqu'elles se contentent d'aspirer l'eau du sol et le gaz carbonique de l'air. Voilà donc de bien solides critères qui différencient radicalement la plante de l'animal. Pourtant, aucun d'eux n'est vraiment satisfaisant...

La chlorophylle d'abord : les champignons n'en possèdent pas, bien qu'on s'accorde à les considérer comme des plantes. Mieux, certaines plantes se débarrassent de leur chlorophylle et vivent en parasites sur d'autres plantes, comme les Orobanches ou les Cuscutes : la présence de chlorophylle, à laquelle la plupart des plantes doivent leur identité, ne saurait donc définir à elle seule les frontières du règne végétal.

La fixité sur le support connaît aussi quelques exceptions. D'abord les algues microscopiques, flottant dans les eaux douces ou marines, s'équipent de cils spécialement adaptés à la natation. Mais ce sont des algues, dira-t-on ! On connaît, dans le désert du Kalahari, un lichen qui vit détaché du sol et que le vent roule sur le sable. C'est dans un lichen de ce type que l'on croit reconnaître la fameuse manne des Hébreux... Le vent rend ces plantes mobiles et même très exactement... auto-mobiles.

Et l'insensibilité ? Le Mimosa pudique rétracte très rapidement ses folioles au moindre contact. Le Sparmania, sorte de tilleul africain, déploie brutalement ses innombrables étamines lorsqu'un insecte le visite. Mieux encore, les Mimmulus américains possèdent un organe femelle qui happe littéralement le pollen apporté par les insectes, comme s'ils voulaient le dévorer. Sans parler du domaine, riche et controversé, de l'affectivité des plantes, de leur amour de la musique, de leurs amours tout court, dont il sera question dans un autre livre : prudence, maturation et réflexion exigent...

Enfin, si les plantes n'ingèrent pas de proies solides, certaines algues dévorent « à belles dents » leurs malheureuses victimes. Et il existe plus de 400 espèces de plantes insectivores qui, si elles n'avalent pas les insectes qu'elles réussisent à capturer, les digèrent néanmoins avec une efficacité toute animale !

Voici donc nos quatre critères à terre ; aucun n'est décisif.

Pour y voir plus clair, simplifions le problème en remontant dans le temps pour observer les toutes premières plantes et les tout premiers animaux apparus dans les océans primordiaux il y a trois ou quatre milliards d'années. Voici par exemple une série d'algues brunes très proches les unes des autres et dont l'observation est fort instructive : il s'agit d'êtres minuscules, visibles seulement au microscope et formant une série à cheval sur le monde végétal et le monde animal.

Les unes possèdent de la chlorophylle, sont immobiles, dépourvues de cils nageurs et se laissent donc porter par les vagues et les courants ; elles n'ont aucun moyen de déplacement autonome, elles flottent. D'autres, qui leur sont très semblables, ont également de la chlorophylle, attestant ainsi, comme les premières, leur appartenance au monde végétal ; mais elles ont aussi des cils nageurs grâce auxquels elles se meuvent de manière autonome, et même, à la base de ces cils, une bouche qui leur permet d'ingérer des proies solides : les voici capables d'initiatives. Elles ne flottent plus, elles nagent. D'autres encore, identiques à celles-ci, perdent leur chlorophylle ; par leur bouche, elles se nourrissent de proies solides, ce qui rend inutile la photosynthèse ; grâce à leurs cils, elles sont mobiles, comme les précédentes : ce sont de vrais animaux — et ce sont même les premiers animaux ! D'autres enfin perdent leurs cils, et ce sont les premières amibes.

Ainsi, plus on se rapproche des racines de la Vie, plus devient fragile la frontière séparant le végétal de l'animal. Cette frontière est d'autant plus ténue qu'en réalité... elle n'existe pas. Tout laisse penser au contraire que les plantes ont enfanté les animaux par le mécanisme observé ici, en partant de la perte de la chlorophylle et en aboutissant à une organisation alimentaire et à un système de déplacement autonomes.

En fait, la naissance de l'animal, pourtant plus perfectionné que le végétal, s'est faite à partir de ce dernier par toute une série de pertes. La première, décisive, est celle de la chlorophylle : plus de chlorophylle, plus de photosynthèse, plus d'autonomie alimentaire ; ce qui condamne la cellule ainsi amputée au rôle de prédateur. Il va lui falloir chercher sa nourriture, ce que n'avait pas à faire la plante qui se nourrit de l'eau de la mer ou du sol et du gaz carbonique de l'air ; bref, de l'eau et de l'air du temps.

En s'animalisant, le végétal perd aussi sa faculté de multiplication végétative, caractéristique propre — au moins au niveau des êtres supérieurs — aux végétaux qui se reproduisent abondamment en dehors de toute sexualité par bouturages, stolons, bulbes, tubercules, etc. Chez l'animal, la sexualité devient le seul et unique mode de reproduction possible.

Enfin, la disparition de l'aptitude à la photosynthèse, donc à la fabrication des sucres qui s'accumulent sur la membrane des cellules, modifie la consistance de celle-ci. La cellule végétale a une membrane cellulosique épaisse et rigide ; celle de la cellule animale est mince, souple et plastique. Et cette plasticité, privilège de l'animalité, devient rapidement un atout, car elle rend l'animal plus mobile, plus apte à se déplacer, donc à rechercher et sa nourriture et son partenaire sexuel. Les animaux archaïques et fixés, tels les Mollusques primitifs des vases, se contentent pour se nourrir de filtrer l'eau passivement, mais ne captent rien ; ils vivent ainsi depuis la nuit des temps. Mais la nécessité de chasser des proies mobiles contraint l'animal à devenir inventif. Bref, l'animal doit innover autant pour la prise de nourriture que pour la rencontre du partenaire. Grâce à la photosynthèse, la plante a au contraire choisi pour se nourrir la voie de la facilité. Pour ce qui est de la sexualité, c'est une autre affaire : on a vu l'habileté de certaines à piéger l'insecte pollinisateur.

Le passage du végétal à l'animal, qui fait de tous les animaux des descendants des plantes — nous y compris — s'est donc effectué par une série de pertes. Évolution hautement symbolique quand on connaît le coût des abandons nécessaires au cours d'une existence humaine et la valeur souvent purificatrice de ces épreuves qui tendent à réduire l'emprise du « petit moi » encombrant et dominateur que chacun porte en soi. De sorte que consentir à perdre, c'est accepter de grandir.

Mais les animaux se différencient aussi des plantes par une particularité qu'ils manifestent dès le stade de l'embryon. Tandis que l'embryon végétal poursuit sa croissance dans toutes les directions comme une boule qui ne cesserait d'augmenter sa circonférence — au moins durant les premières étapes de son développement —, l'embryon animal, au contraire, s'invagine de bonne heure et dessine une cavité qui s'affirmera tout au long du développement du fœtus et pendant toute la durée de la croissance. D'où la constitution d'une cavité interne dans laquelle l'animal « range » ses organes fondamentaux et que la plante ignore totalement. Il n'y a aucune analogie entre un tronc animal et un tronc végétal ; une section transversale de l'un et de l'autre est d'ailleurs fort suggestive : un tronc végétal est compact, à moins qu'il n'ait été digéré par les champignons ou d'autres parasites, mais le vide interne constaté est alors pathologique. Ce tronc est formé de quelques tissus, eux-mêmes formés de quelques types de cellules différentes. Cette structure végétale très simple ne présente donc pas de dedans, pas de cavité interne. Le végétal s'efforce en revanche de développer au maximum sa surface externe en multipliant les feuilles et en les exposant le plus possible aux rayons solaires afin d'effectuer la photosynthèse avec un rendement optimum. Toute différente est la structure d'un tronc animal. Celui-ci comporte un vide, une cavité intérieure dans laquelle prennent place divers organes : le foie, l'estomac, le cœur ; chaque organe est formé de divers tissus : musculaire, nerveux ; et chacun de ces tissus est lui-même formé de types de cellules différentes.

Les animaux évolués ont donc un degré de complexité supérieur à celui des plantes, ce que révèle parfaitement la comparaison de leurs structures.

Dans sa cavité centrale, l'animal intègre l'eau primordiale du milieu marin dans lequel vivaient ses lointains ancêtres, et l'air du milieu terrestre qu'il absorbe par l'inspiration.

Le souvenir des eaux marines primordiales se manifeste chez l'animal par la présence de sel dans le sang et dans la lymphe qui baignent tous ses organes jusque dans leur plus profonde intimité. Bref, s'il a su se libérer du milieu marin, c'est parce qu'il a réussi à emmener la mer avec lui et en lui pour affronter les conditions nouvelles de la vie terrestre, il y a environ quatre cents millions d'années.

En intégrant alors l'air ambiant, il inventa du même coup de nouveaux types de bruits. Avant l'apparition des animaux, la Terre ne connaissait d'autres bruits que ceux des éléments : le vent, le tonnerre, le grondement du volcan, la source, le torrent, le geyser... les plantes n'émettaient que des bruits passifs, résultant du choc de leurs rameaux ou de leurs feuilles ballotés par le vent. Bref, le bruit restait extérieur aux êtres. Avec l'animal, l'air s'incorpore au cœur même de l'être, toujours grâce à ce vide, à cette cavité qu'il porte en lui : le vent devient son propre souffle, qu'il restitue communément par le cri, le chant, la voix et, naturellement, « les vents », ce souffle qui sera définitivement rendu à la nature-mère dans un dernier soupir... Vents et hurlements, cris et chuchotements, les bruits initiaux de la Terre engendrent les bruits des échanges et des actions humaines.

Toutes ses performances, l'animal les doit à l'ébauche de ce vide intérieur, et ce vide est créateur de possibilités accrues. On songe au onzième verset du *Tao-téking* de Lao-tseu : « On creuse l'argile et elle prend la forme de vases : c'est par le vide qu'ils sont des vases. On perce des portes et des fenêtres pour créer une chambre : c'est par ces vides que c'est une chambre. Ce qui est sert à l'utilité, ce qui n'est pas représente l'essence. »

Non content d'avoir emmagasiné dans sa cavité interne et l'eau marine et l'air ambiant, l'animal, pour se nourrir, doit encore absorber des nourritures solides. Un système approprié est donc prévu à cet effet sous forme d'un long tube digestif, pratiquement toujours ouvert aux deux extrémités, qu'ignore totalement la plante, se contentant pour sa part des échanges gazeux effectués au niveau de chacune de ses feuilles.

C'est donc moins par leurs performances et leurs fonctions que par la nature de leurs structures que l'animal et la plante diffèrent radicalement. Mais cette différence n'est que l'expression des deux pôles complémentaires de la vie. Car de même qu'à la photosynthèse des plantes correspond la respiration, qui produit des échanges gazeux en sens inverse, l'animal et le végétal se complètent : une complémentarité qui a frappé de tous temps les plus fins observateurs, lesquels l'ont symboliquement exprimée de façon suggestive.

Le Rouge et le Vert

Pour s'être employé à mettre en lumière ce qui différencie l'animal du végétal, ne risque-t-on pas d'oublier ce qui les rapproche, qui est sans doute l'essentiel ?

Certes, le premier coup d'œil crée l'illusion : qu'y a-t-il de commun entre un virus et un éléphant ? entre un homme et un champignon ? entre une algue et un insecte ? Pourtant, tout ou presque tout leur est commun !

Tous sont constitués des mêmes molécules de base qui constituent la chimie fondamentale de la Vie, molécules qui s'élaborèrent spontanément dans la soupe primitive voici quatre milliards d'années. Tous sont des entités séparées du milieu dans lequel ils vivent, échangeant avec lui des flux d'énergie et de matière (naturellement dans les deux sens). Tous se reproduisent identiques à eux-mêmes, selon le programme inné de l'espèce à laquelle ils appartiennent ; ce programme est conservé dans le code génétique inscrit dans le noyau de chacune de leurs cellules. Tous sont éphémères et leur durée en tant qu'individus ne se mesure pas selon la même échelle de temps que leur durée en tant qu'espèce. Les individus ne vivent jamais plus de quelques siècles, voire, dans des cas exceptionnels, quelques millénaires ; les espèces auxquelles ils appartiennent durent des dizaines, parfois des centaines de millions d'années.

La vie réussit ce tour de force de produire une masse innombrable d'êtres très ressemblants quant au fond, et pourtant extraordinairement divers par leur forme. Le premier critère de discrimination est leur appartenance au règne animal ou au règne végétal.

La tradition anthroposophique a de tous temps perçu l'étonnante complémentarité du « monde rouge » et du

« monde vert[1] ». Si l'on emploie souvent la seconde expression, on use plus rarement de la première, car la plante déploie sa verdeur avec d'autant plus d'impudeur que sa chlorophylle se doit, pour capter les rayons solaires, d'être localisée le plus près possible de la surface des feuilles, et dans des feuilles généralement très minces. Tel est l'ordre qui régit la plante : tout mettre en œuvre pour orienter ses organes chlorophylliens vers la lumière, d'où lui vient la vie. La rougeur de l'animal, au contraire, ne se manifeste qu'à l'occasion d'une blessure ; car le sang teinté par la rouge hémoglobine irrigue l'intérieur de la bête, et les échanges chimiques du monde animal s'effectuent dans l'obscurité, dans la profondeur intime des tissus. Nul besoin par conséquent de présenter l'hémoglobine à la lumière.

Dans une plante, les rameaux feuillés vivent selon un rythme marqué par l'alternance du jour et de la nuit. De jour, les feuilles font la photosynthèse, qui est leur travail de production ; la respiration nocturne est destinée à assurer leur maintenance. La photosynthèse est la mission principale de la feuille : pomper le gaz carbonique de l'air, synthétiser les sucres et restituer de l'oxygène à l'air. De nuit, elles se contentent de la seule respiration. De même, les feuilles sont fixées sur les tiges selon un système rythmé : tantôt en opposition deux à deux, tantôt en alternance.

Ce dispositif végétal trouve dans la structure pulmonaire son complément inversé. La ramification des branches y devient ramification des bronches, l'ensemble formant l'arbre pulmonaire. Les bronches constituent le système rythmique des animaux, comme les branches feuillues composent celui des végétaux. Mais le rythme s'accélère : ce n'est plus celui du jour et de la nuit, c'est celui de la respiration. Les bronches prélèvent non plus dans l'air, mais dans le sang — non plus à l'extérieur,

____

1. On lira avec intérêt, sur ce sujet, l'ouvrage de W. Pelikan *L'Homme et les plantes médicinales*, 2 vol., Triades, 1975.

mais à l'intérieur, car tout chez l'animal s'est intériorisé — du gaz carbonique et y injectent de l'oxygène : le sang est donc aux bronches ce que l'air est aux branches ; il est à l'arbre pulmonaire ce que l'air est à l'arbre végétal. L'animal est comme un végétal invaginé, et c'est précisément ce que nous constations à propos de la formation de l'embryon. Ces phénomènes d'échanges gazeux sont favorisés — catalysés, dira-t-on — par des molécules spécialisées : pour l'animal, c'est l'hémoglobine du sang ; pour le végétal, c'est la chlorophylle de la feuille. Or, ces molécules ont des structures rigoureusement identiques, à une minime différence près : l'hémoglobine contient du fer, la chlorophylle du magnésium.

L'hémoglobine est rouge ; par la respiration, qui est une combustion lente, elle contribue à la destruction des aliments véhiculés par le sang, avec dégagement d'énergie. Le rouge confond ici sa fonction physiologique avec sa signification symbolique, qui recèle toujours une connotation négative : le rouge est symbole d'interdiction ou de destruction (d'où le signal rouge, le feu rouge, le liseré rouge sur les médicaments, la couleur rouge de bon nombre d'insectes toxiques, la lumière rouge considérée comme excitant sexuel — d'où encore son utilisation dans les cabarets ou autres lieux moins honorables, sinon moins utiles —, le rouge est aussi la couleur de la passion destructrice, du sang versé, du feu dévastateur...).

A l'inverse, la chlorophylle capte l'énergie solaire et contribue à l'élaboration des sucres, c'est-à-dire de la matière vivante ; elle est donc constructrice. Sa couleur verte rejoint le symbolisme traditionnel du vert, qui signifie ouverture, échange, espérance (d'où, par exemple, le « feu vert » aux deux sens du terme, propre et figuré ; d'où les ornements verts de la liturgie catholique, symbolisant l'ardente espérance du salut, lorsque les temps seront accomplis, tandis que les ornements rouges symbolisent l'héroïsme des martyrs et leur sang versé).

Bref, la plante qui crée la matière vivante est verte, et l'animal qui tue et consomme cette matière vivante est rouge : on retrouve le dualisme des divinités hindoues entre Vishnou le constructeur et Shiva le destructeur (mais leur opposition ne débouche point sur le néant : bien au contraire, leur complémentarité s'équilibre en Brahma, troisième personnage de cette trinité).

La complémentarité exclut néanmoins l'identité. Ainsi, un être vivant évolué ne peut-il être qu'animal ou végétal, jamais les deux ; que mâle ou femelle, rarement les deux comme le sont les escargots ; parfois tout de même *un peu* les deux, comme nous le sommes tous... Mais nul ne peut être à la fois plante et animal : le vert et le rouge sont les deux seules couleurs qui ne s'additionnent pas et ne sont pas complémentaires. On ne peut donc être que l'un *ou* l'autre ; jamais « l'un et l'autre » !

La complémentarité appelle ainsi l'idée de coupure. Si deux êtres sont complémentaires, c'est bien qu'à chacun d'eux il manque quelque chose. La sagesse populaire sait bien qu'on ne peut jamais tout avoir... L'Être en sa plénitude n'est jamais que partiellement présent en chaque individu ; de surcroît, chacun de nous est mâle ou femelle : autre restriction, autre coupure ! Bref, nous sommes des êtres incomplets et de cette incomplétude naît une aspiration constante à « trouver sa moitié », l'autre moitié de soi-même. Lorsqu'on l'a trouvée, après le passage des grands feux de la passion, on continue à se trouver incomplet, comme si la scission originelle du végétal et de l'animal, du mâle et de la femelle, persistait obstinément, chaque pôle organisant son propre mode d'existence en complémentarité avec l'autre pôle. Ainsi, même dans les échanges les plus riches, l'idée d'un manque perdure, tout au moins pour qui pense et « se pense ». Et chacun de rêver à l'absolu, à l'immortalité, à l'éternité, au paradis, fût-il artificiel. L'idée de Dieu suinte de cette impression confuse d'un manque, d'un vide, comme si l'homme projetait dans l'absolu ce qui lui fait défaut dans le présent, et jusque dans la vie présente. Ainsi est-il parfaitement légitime de dire, comme le prétendent les athées, que « Dieu est une créature de l'homme » dans laquelle celui-ci se projette pour s'accomplir en rêve dans un au-delà qui n'est qu'une création de son esprit ; ce à quoi les croyants répondent avec une pareille pertinence que Dieu ne peut se révéler à l'homme que par ce manque, précisément, qui est une prise de conscience de sa propre insuffisance et le met en chemin vers plus qu'il n'est : car, comme l'affirme fièrement la devise de la Maison de Bruges, *« Plus est en nous »*. Accepter simplement ses incertitudes et ses imperfections, ses insuffisances et ses insatisfactions, tels serait alors l'entrée dans la voie de la Sagesse, jetant à bas l'hydre toujours renaissante de l'orgueil humain. Cet orgueil qui, justement, engendra la chute de l'homme, parce qu'il colmate toutes les brèches, le rendant imperméable à Dieu ; un Dieu qui, selon la tradition chrétienne, ne peut entrer que par une faille ; car il est, selon la belle expression de Pascal, « un Dieu caché » : un enfant pauvre qui frappe discrètement à la porte. Ce Dieu caché, nul n'a vu son visage, et Moïse n'eut l'honneur de ne le voir que de dos. Pas étonnant dès lors qu'on le découvre si laborieusement et qu'on le voie si peu... Mais ici, tout dépend du regard, car l'essentiel est de chercher dans la bonne direction.

Une vieille légende hindoue raconte qu'il fut un temps où tous les hommes étaient des dieux ; mais ils abusèrent tellement de leur divinité que Brahma, le maître des dieux, décida de leur ôter le pouvoir divin et de le cacher en un endroit où il leur serait impossible de le retrouver. Le grand problème fut donc de lui trouver une cachette. Lorsque les dieux mineurs furent convoqués à un conseil pour résoudre ce problème, ils proposèrent ceci : « Enterrons la divinité de l'homme dans la terre. » Mais Brahma répondit : « Non, cela ne suffit pas, car l'homme creusera et la trouvera. » Alors les dieux répliquèrent : « Dans ce cas, jetons la divinité dans le plus profond des océans. » Mais Brahma répondit à nouveau : « Non, car tôt ou tard, l'homme explorera les profondeurs de tous les océans, et il est certain qu'un jour il la trouvera et la remontera à la surface. » Alors les dieux mineurs conclurent : « Nous ne savons pas où la cacher, car il ne semble pas exister sur terre ou dans la mer d'endroit que l'homme ne puisse atteindre un jour. » Alors Brahma dit : « Voici ce que nous ferons de la divinité de l'homme : nous la cacherons au plus profond de lui-même, car c'est le seul endroit où il ne pensera jamais à chercher. » Depuis ce temps-là, conclut la légende, l'homme a fait le tour de la terre, il a exploré, escaladé, plongé et creusé, à la recherche de quelque chose qui se trouve en lui...

L'Islam nous offre au contraire l'image d'un Dieu triomphant, régnant en majesté au zénith, comme le soleil de midi. Point alors de faille nécessaire : Allah s'impose comme une évidence à l'entendement du croyant dont tout acte, toute pensée d'orgueil ne saurait être que dérisoire. Allah ne laisse donc aucun choix à ses fidèles qui se soumettent spontanément à sa volonté, d'où le mot d'*Islam* : soumission ; d'où aussi cet abandon que nous appelons à tort fatalisme, si caractéristique des richesses spirituelles de l'Islam, et que l'on retrouve dans la tradition chrétienne de l'abandon à la Providence et à la volonté de Dieu. L'Islam contemporain est certes plus menacé de fanatisme que de fatalisme ; mais nulle tradition, nulle religion, nulle idéologie n'est à l'abri de cette dangereuse maladie...

Il est encore d'autres complémentarités entre les structures de la plante et celles de l'animal. Toujours selon la pensée traditionnelle, la racine de la plante et la tête de l'animal sont complémentaires. C'est par la racine que la plante entre en contact avec le monde extérieur dans lequel — au sens propre du terme — elle s'enracine. Alors que les feuilles n'ont d'autre contact que l'air, n'entretenant avec lui que les échanges gazeux fort simples de la photosynthèse, les racines échangent au contraire avec le sol de l'eau, des sels et de multiples substances qu'elles absorbent ou qu'elles excrètent ; la racine est en somme la bouche par laquelle la plante prélève sa nourriture : elle correspond donc bien à la tête et à la bouche des animaux.

La racine, de surcroît, lie la plante à la terre : elle fait le lien entre le monde inanimé, minéral, et le monde vivant. Quant à la tête, elle relie par le cerveau le monde vivant au monde de la pensée. Bref, du monde inanimé au monde spirituel, la racine permet de franchir le premier seuil, et la tête le second : nouvelle complémentarité, nouvelle polarité !

La fleur est une entité beaucoup plus complexe, puisqu'elle est formée d'une collectivité de feuilles qui se sont modifiées pour former un organe spécifique. Cet organe perd alors les fonctions habituelles des feuilles pour en acquérir de nouvelles : la couleur verte disparaît et, avec elle, la fonction chlorophyllienne. La fleur s'organise comme une portion de sphère, créant un espace courbe, à l'inverse de la feuille qui reste plane et cherche à étendre au maximum sa surface pour l'offrir au soleil, son allié. En fait, la fleur crée, à l'instar des animaux, une cavité, un dedans, et ceci est particulièrement net pour le pistil qui, après fécondation, produira le fruit. Elle est l'organe de reproduction de la plante, qui correspond évidemment à l'abdomen et aux organes génitaux des animaux. Ceux-ci sont placés en dessous des poumons, système rythmique de l'animal, tandis que la fleur se développe au-dessus de la tige feuillée, système rythmique du végétal : nouvelle complémentarité. Mais, dans les deux cas, fleur et abdomen assument les mêmes fonctions : l'un et l'autre portent le fruit.

Par son organisation en coupe concave et par son ventre clos, le pistil apparaît comme l'organe le plus animal de la plante ; l'époque de la floraison manifeste comme un effort de la plante vers l'animalisation... La fleur entre en effet, dès son épanouissement, en contact avec l'animal, son pollinisateur. Contact utile et positif dont la plante n'avait pas l'habitude, condamnée qu'elle est par la nature à servir d'aliment aux animaux. Les fleurs ont des couleurs, des odeurs et des formes qui imitent souvent celles des animaux, caractère que les orchidées mimétiques poussent à l'extrême, au point de se déguiser littéralement en insectes pour attirer leurs pollinisateurs.

Goethe a décrit une sorte de prototype de la créature végétale, dont les organes sont disposés en parfaite harmonie. Puis, en excellent naturaliste qu'il fut, il rapporta à ce type certaines plantes particulières dont il se plut à observer les monstruosités : la Citrouille aux fruits géants, le Rafflesia aux fleurs monstrueuses, la racine de Mandragore aux formes humaines. Il constata en outre que la tendance à l'animalité, si manifeste chez la fleur de Strelitzia en forme d'oiseau, chez l'Orchidée à allure d'insecte, ou chez le Pois de senteur au profil de papillon, pour ne citer que les exemples les plus spectaculaires, pouvait s'inverser et engendrer des formes typiquement minérales. Ainsi d'un grand nombre de plantes grasses telles qu'Euphorbes ou Cactus, et, plus encore, de ces plantes-cailloux qu'il est impossible de distinguer dans les déserts d'Afrique du Sud, tant elles ressemblent effectivement aux pierres qui les entourent... Rudolph Steiner ajoute que le tronc des arbres, leur raideur, leur dureté est également une expression typiquement minérale, un peu comme une « invagination de la terre », d'autant plus puissante que l'on se rapproche davantage des Tropiques et que les forêts deviennent plus denses et plus abondantes. La chaleur et l'humidité des Tropiques amèneraient ainsi la vie à s'élancer vers le ciel dans ces structures banales, étranges ou monstrueuses que sont les arbres, les lianes — fussent-elles étrangleuses — ou les plantes perchées sur les fourches des arbres et dont les racines, contrairement à la règle, pendent vers le sol sans toujours l'atteindre. Aux pôles, au contraire, la végétation est rase, comme ramassée à la surface du sol ; la vie se concentre dans la racine souterraine, comme si elle redoutait le froid et la sécheresse. La toundra devient alors une sorte de miroir qui reflète la lumière solaire, alors que la forêt tropicale serait au contraire une sorte d'éponge humide qui la capte et l'absorbe.

Le cerveau gauche adore les analyses ; il répertorie donc minutieusement les caractères dinstinctifs qui permettent d'identifier à coup sûr l'animal ou la plante. Le cerveau droit, au contraire, recherche les synthèses et, à partir du jeu subtil des analogies, reconstruit ce que le premier a démonté : l'unité première de la Vie. En jouant et de l'un et de l'autre, il n'est pas interdit de penser que l'on puisse entrevoir comment fonctionne l'immense machinerie de la nature, dont il convient de connaître en détail chacune des pièces (le cerveau gauche s'y emploie), mais dont il convient aussi de savoir comment elles s'agencent et comment elles fonctionnent toutes ensemble (tâche spécifiquement du cerveau droit). Le « double jeu » de la différence et des analogies débouche ainsi sur les nécessaires et réelles complémentarités. Car tout est UN !

Mais tous les êtres ne sont pas pour autant parvenus au même degré d'évolution. Tandis que les plantes ne cessent de croître tout au long de leur vie : une saison pour les herbes, jusqu'à des siècles pour les arbres, les animaux stoppent leur croissance à partir d'un certain âge, puis se contentent d'entretenir leur structure en assurant un simple « service de maintenance ». L'animal utilise alors son énergie à l'éducation de ses petits et à des tâches plus performantes, exigeant adaptation et invention, tâches auxquelles l'homme donne toutes leurs dimensions quand elles débouchent sur les œuvres de l'esprit. La plante, au contraire, épuise en permanence toute son énergie à produire, à entretenir et à développer sa propre structure. Ce qui n'exclut pas qu'elle porte en elle, comme tous les vivants, les prémisses de ce qui deviendra, chez les êtres plus évolués, la capacité de sentir et peut-être d'aimer. Qui sait même si elle ne les possède pas déjà ?

La sexualité des plantes

Où la sexualité fait irruption dans le monde des Plantes

Les fleurs sont les organes sexuels des végétaux. L'idée, à vrai dire, nous semble étrange, et Marc Oraison n'hésitait pas à « mettre les pieds dans le plat » dans des propos qui ne manquent pas de sel[1] :

> « Il n'y a pas de fête, de célébration, de circonstance solennelle sans la présence de fleurs en quelque manière que ce soit. L'échange et le commerce des fleurs ont, dans les relations humaines, une importance considérable. Dire quelque chose « avec des fleurs », selon la publicité bien connue, est bien mieux que le dire tout court. Un merci, un hommage, un adieu, des excuses, une arrivée, tout est transformé par les orchidées des milliardaires ou les quelques violettes des pauvres gens.
>
> Les fleurs ont un langage fort nuancé pour les spécialistes. Chaque espèce a sa signification symbolique. Et l'on sait bien qu'un lys dans la main d'une statue signifie que le personnage représenté fut un exemple de « pureté ».
>
> Or les fleurs sont les organes sexuels des végétaux.
>
> Il ne viendrait à personne l'idée d'envoyer, afin de manifester sa gratitude pour un service rendu, le sexe d'un taureau ou la vulve d'une chatte.
>
> Ce contraste est malgré tout frappant, bien qu'il soit tellement inscrit dans la nature des choses qu'on n'y prend même

1. Marc Oraison, *Le mystère humain de la sexualité,* Seuil, 1968.

pas garde. Ce qui, au niveau du règne végétal, est ostensiblement montré, promu, cultivé, ce qui fait l'objet d'une véritable attitude d'exhibition (ainsi en est-il des diverses floralies), ce qui représente l'expression même de la splendeur, dès que l'on atteint le règne animal, passe au second plan, sinon même sous silence. On admire un dahlia pour ses fleurs plus que pour sa forme générale ; on admire un chien de race pour sa morphologie et son attitude, et non pour son sexe. Il arrive même qu'on "améliore " certains animaux en les châtrant... »

Ces propos alertes auraient ahuri nos ancêtres qui, jusqu'à la Renaissance, ignoraient tout de la sexualité des plantes.

Certes, les Anciens connaissaient et pratiquaient la pollinisation artificielle du figuier et du dattier ; le Grec Théophraste avait même cru comprendre qu'il s'agissait là d'un phénomène apparenté à la sexualité, mais nul ne l'entendit de cette oreille. L'Antiquité et le Moyen Age ignoraient d'ailleurs tout de la sexualité, qu'elle fût animale ou végétale. L'équation fameuse : « une cellule mâle + une cellule femelle donnent un œuf », leur était totalement étrangère. Pour nos lointains ancêtres, l'homme féconde la femme comme le paysan ensemence son champ ; car la femme est le principe passif, elle est réceptive comme la terre et maternelle comme la mère. L'intervention d'une cellule femelle dans le processus de fécondation était ignorée ; la semence était le propre de l'homme, et la sexualité prenait du coup une tonalité de style proprement agricole.

Sans que l'on connût davantage la diversité génétique des semences, l'on constatait déjà qu'une semence n'en valait pas nécessairement une autre. Ainsi certaines semences furent-elles particulièrement célèbres, et la plus célèbre de toutes fut sans conteste celle d'Abraham qui engendra une postérité aussi nombreuse, dit la Bible, « que les étoiles du ciel ou les grains de sable au bord de la mer ».

Mais nous sommes loin, infiniment loin des phénomènes de sexualité, qu'ils soient animal ou végétal. En ce qui concerne les plantes, c'est à l'Italien Césalpin, médecin du pape Clément VIII, mais aussi botaniste et philosophe, que revint le mérite de reconnaître dans les organes des fleurs le sexe des végétaux. Césalpin fut en la matière le grand précurseur de Linné, comme il le fut également de Harvey en entrevoyant la circulation du sang. Comme tous les grands savants de tous les temps, il lui arriva aussi de se tromper en prétendant par exemple que les plantes se nourrissent, conformément aux théories d'Aristote, d'une nourriture élaborée par le sol : l'humus... Un autre précurseur, Bernard Palissy, avait eu dès 1563 l'intuition du rôle des sels minéraux dans la vie végétale ; mais ses idées restèrent sans écho et il mourut misérable, après avoir été embastillé comme protestant.

Le très catholique Césalpin eut plus de chance, et, malgré ses découvertes osées, ne s'attira aucune foudre vaticane, contrairement à son contemporain Galilée. Il était, il est vrai, le médecin du Pape.

Où les Français ont moins qu'on le pense le goût de la bagatelle

La découverte de l'Amérique, qui valut à l'Europe la propagation rapide de la syphilis, déclencha de nouvelles recherches sur la sexualité. A un an d'intervalle, en 1676 et en 1677, le botaniste anglais Neemie Grew déclare que les étamines sont les organes sexuels des plantes, et van Lewenvek découvre avec son microscope les spermatozoïdes. En 1694, Rudolph Jacob Camerarius, directeur du jardin botanique de Tübingen, pollinise le ricin et le maïs et démontre ainsi la réalité de la sexualité végétale.

Contrairement à leur réputation, les Français restent prudes et résistent à ces divagations anglo-saxonnes. En 1700, le grand Tournefort réplique même que « le pollen n'est rien d'autre que l'excrément des plantes » ; peut-être transférait-il inconsciemment aux végétaux les liens morphologiques unissant les organes génitaux aux fonctions d'élimination chez les animaux...

En 1716, l'honneur de la France est vaillamment sauvé par Vaillant, qui démontre la sexualité des pistachiers. Bref, les Français, comme les carabiniers, arrivèrent en cette affaire après la bataille, vingt-deux ans après l'Allemand Camerarius et quarante ans après l'Anglais Grew. Pour un peuple réputé porté sur la bagatelle, nous avions plutôt du retard...

Mais si la sexualité n'existait guère en biologie, elle avait en revanche toute sa place, et de longue date, dans le langage symbolique. Les Africains classent souvent des plantes voisines par couple. Voici par exemple un couple de plantes très semblables, à feuilles allongées ; chez l'une, les feuilles sont très tranchantes et coupent la peau des doigts ou des lèvres comme une lame ; l'autre, au contraire, est beaucoup moins agressive : la première sera considérée comme mâle, la deuxième comme femelle. Voici pourtant une troisième plante, très semblable par son allure et ses feuilles à la seconde, mais qui ne coupe absolument plus du tout : on la dira donc femelle. Du coup, comparée à la précédente qui coupait encore un peu, elle fait paraître celle-ci mâle ; elle lui impose en quelque sorte un changement de sexe. De sorte que la seconde plante, intermédiaire, devient hermaphrodite comme un escargot : considérée comme femelle lorsqu'on la confronte à la première (très coupante), comme mâle lorsqu'on la confronte à la troisième (parfaitement inoffensive).

Cette prime à la virilité est loin d'être générale. Parmi les nombreux couples de plantes médicinales, semblables par leur allure et par leur mode de vie, les Gbayas d'Afrique considèrent que l'une est l'épouse, l'autre le mari. Or, le mari est toujours celle des deux à qui il manque quelque chose : généralement, il est moins efficace, moins actif, ses fruits sont plus petits, ses fleurs moins belles, etc. Comme si ces peuples avaient eu l'intuition de la moindre résistance du mâle. Le fait est parfaitement évident chez les plantes dont l'organisation totalement matriarcale laisse au sexe mâle une place somme toute modeste. Il est non moins évident dans l'humanité où la femme emporte visiblement l'avantage : son espérance de vie moyenne est très supérieure à celle de l'homme, et sa résistance, son adaptabilité dépassent également l'orgueilleuse raideur masculine.

C'est souvent à son allure qu'une plante apparaîtra mâle ou femelle. La fougère mâle, par exemple, ne porte en aucune manière le sexe mâle ; mais ses grandes frondes sont moins finement ciselées que celles de sa partenaire femelle, aux frondes plus délicates et plus fines. Mais voici qu'une découverte récente vient de nous apprendre que l'extrait de fougère mâle provoque une augmentation de volume du pénis chez le rat. Serait-il donc aphrodisiaque ? Et les Anciens connaissaient-ils cet effet qui aurait pu valoir son nom à la fougère ? Mystère...

D'acquisition récente, la sexualité végétale échappe aux tabous que les siècles n'ont cessé d'entretenir autour du sexe parmi les civilisations occidentales : sexualité cachée, invisible, silencieuse, sereine et « propre », pourrait-on dire, en tout cas fort commode pour les ouvrages d'initiation destinés aux enfants : la pollinisation des tulipes ou des jacinthes est si peu compromettante, et l'émission paisible des graines est une forme élégante d'accouchement sans douleur !

Ainsi se perpétue une tradition constante de l'Antiquité où la fleur était symbole de pureté et de virginité ; d'où l'expression *déflorer*, signifiant perdre sa fleur, sa virginité. Et l'on a vu que dans la Mythologie, la métamorphose en fleur peut être l'ultime moyen de conserver cette virginité ; tel fut le sort de Daphné, délivrée par sa métamorphose en laurier des avances trop pressantes d'Apollon.

Il est vrai que la virginité n'est pas toujours comme ici choisie, elle peut être aussi subie. Tel fut le sort de Narcisse, dont le mythe comporte plusieurs variantes : l'une d'elles fait de ce beau jeune homme un être vaniteux, peu enclin à répondre aux avances des jeunes filles qui l'admiraient et l'aimaient et que ses amis finirent par abandonner, car il ne s'intéressait qu'à sa propre compagnie. Découvrant son visage dans le miroir des eaux tranquilles, il le trouva si beau qu'il s'en approcha pour y poser un baiser, ignorant qu'il s'agissait de sa propre image. Mais l'eau se brouilla ; au bout d'un instant, elle redevint calme et le visage réapparut ; Narcisse se pencha encore, mais son visage disparut à nouveau ; il s'éloigna alors en sanglotant, pensant avoir été rejeté, et se plongea la lame d'un poignard dans la poitrine. Ainsi naquit une fleur merveilleuse, aux pétales blancs et au cœur rouge : le narcisse. Belle version du mythe de Narcisse : il peut advenir qu'une beauté « mal gérée » aboutisse au tarissement de l'affectivité, voire de la sexualité, et l'on retombe ici sur les hypothèses formulées par Marc Oraison sur l'amélioration de certaines races animales par castration...

Alphonse Karr, ou les botanistes au pilori

Voici une histoire à trois personnages :

- le baobab, arbre énorme au tronc puissant, indissociable des paysages des savanes africaines et du Sahel, dont les grandes fleurs pendantes sont fécondées de nuit par les chauves-souris ;
- l'hibiscus ou rose de Chine, petit buisson au feuillage d'un vert intense et aux superbes fleurs rouge sang, aujourd'hui répandu dans toutes les régions tropicales et peu à peu acclimaté ici ou là ;
- la mauve, petite herbe des champs aux fleurs mauves, comme son nom l'indique, fréquente dans toute la région tempérée, et sœur de la guimauve qui offre aux bébés ses racines à mâchonner.

Qu'ont donc en commun ces trois personnages que tout semble opposer ?

Serait-ce leur habitat d'origine ? Certes non, puisque l'hibiscus nous vient des tropiques humides, le baobab ne pousse que sous les tropiques secs, et la mauve en région tempérée.

Serait-ce le pollinisateur ? Pas davantage, car tout en ce domaine les oppose : le baobab est pollinisé de nuit par les chauves-souris sensibles à son odeur aigre qui est la même que la leur ; l'hibiscus est fécondé de jour par des colibris, fascinés par sa superbe couleur rouge vif, mais il n'a pas d'odeur, et les oiseaux sont d'ailleurs dépourvus d'odorat ; les mauves, enfin, sont pollinisées par des insectes : leurs petites fleurs les attirent par leur couleur et la disposition de balises colorées sur leurs pétales en favorise l'atterrissage.

Serait-ce alors que ces plantes, malgré leurs divergences, se ressemblent ? Bien au contraire : le baobab est un arbre immense, l'hibiscus un arbuste, la mauve une herbe modeste. Bref, tout semble les différencier.

Pourtant, elles ont ceci de commun que les botanistes les ont classées toutes trois dans l'une des trois cents familles du monde des fleurs : la famille des Malvacées, ainsi baptisée en l'honneur de la mauve qui est en quelque sorte le chef de famille.

Toutes les plantes de cette famille sont caractérisées par une certaine architecture florale que l'on retrouve chez nos trois comparses. L'élément le plus caractéristique en est la proéminence provocante de l'organe mâle, formé d'étamines innombrables, toutes soudées en une colonne qui émerge longuement du centre de la corolle. Regardez un hibiscus : il vous la montrera !

Car les botanistes ont classé les plantes par familles en fonction des caractéristiques de leurs fleurs, c'est-à-dire de leurs organes sexuels. Que les fleurs présentent des architectures similaires et les botanistes classent aussitôt les plantes qui les portent dans la même famille, quelles que soient par ailleurs leurs différences d'origine, de mœurs, de taille, etc.

Pourquoi ne considérer que la fleur pour classer les plantes ? Parce que, dira-t-on, Linné a pris cette initiative au XVIIIᵉ siècle. Mais encore ? Linné, si grand soit-il, aurait pu se tromper... En réalité, les organes de reproduction sont la structure la plus constante des végétaux, celle qui évolue le moins vite. Que les conditions climatiques changent, et en quelques centaines ou quelques milliers de générations la plante s'adapte ; elle perd par exemple ses feuilles en zone aride, pour adopter le port cactiforme. En revanche, la fleur reste stable, fidèle à une architecture-type élaborée il y a des millions d'années par de très, très lointains ancêtres. Prendre en considération l'allure et l'architecture des fleurs, c'est donc rapprocher des plantes qui ont des ancêtres communs. N'est-ce pas là la preuve évidente d'une parenté réelle ? Parenté qui, justement, se manifeste par un air de famille...

D'où l'idée de classer dans la même famille toutes les plantes dont les fleurs se ressemblent : si celles-ci sont disposées en parapluie, nous aurons affaire à la famille des Ombellifères ; si elles ont quatre pétales en forme de croix, ce seront les Crucifères ; si elles se disposent en épis dépourvus de pétales, ce seront les Graminées ; si elles donnent un fruit en forme de gousse comme les petits pois, ce seront les Légumineuses, et si elles ressemblent à une marguerite, les Composées.

Il n'en reste pas moins que, pour le commun des mortels, un baobab, un hibiscus et une mauve sont diablement différents ! Il arrive même que, dans la même famille, l'on regroupe des plantes dont les fleurs, bien qu'ayant certains caractères communs, sont néanmoins d'apparence fort différente également. Il en est ainsi — à première vue — des Orchidées, dont certaines arborent des fleurs somptueuses et d'autres, des fleurs de forme et de gabarit infiniment plus modestes. Il en est ainsi encore des Renonculacées où l'on classe à la fois le Bouton d'or et la Clématite des haies, l'Ancolie et l'Aconit des Alpes, plantes dont les fleurs elles-mêmes paraissent fort dissemblables ; mais toutes ont cependant en commun une certaine architecture caractéristique du pistil, que seuls décèlent les botanistes.

Ce qui paraît évident pour les spécialistes ne l'est donc pas pour tout un chacun. Alphonse Karr, dans son *Voyage autour de mon jardin,* s'en est pris vivement aux botanistes, à leur vocabulaire barbare, à leur manière de classer les plantes : c'est à lui qu'on a emprunté ici l'exemple du baobab, de l'hibiscus et de la mauve.

Alphonse Karr, il est vrai, n'était pas tendre avec les savants, les considérant « comme des hommes qui, dans leurs plus grands succès, n'arrivent qu'à s'embourber un peu plus loin que les autres hommes, mais ils s'embourbent davantage ».

Donnons-lui la parole :

> « Voyez entrer un savant dans une prairie riante ou dans un jardin parfumé et écoutez-le. Vous prendrez promptement le jardin ou la prairie en horreur. Ils ont commencé par former, pour ces gracieuses choses qu'on appelle des fleurs, trois langues qu'ils ont ensuite mélangées pour en faire une plus barbare encore. Je vais écrire ici ceux des mots de cette langue faite par ces Messieurs, écoutez bien et remarquez que je n'en invente pas un : mésocarpe, hyle, épitrope, micropile, coléoptile, hypoblaste, cariopse, oligosperme, akène, chalaze, péponide, strobile, infondibuliforme, gynobasique, pluriloculaire, aréolaire, lomentacées. Vous en voulez encore quelques-uns ? Continuons : didyne, tétradyne, hypostaminé, rhizome, épicarpe, turion, polyandrie, polyakène, épiblaste, subéreux, spadice... »

La liste d'Alphonse Karr pourrait être indéfiniment prolongée. Ajoutons-y, pour contribuer malicieusement à son entreprise de dénigrement de la « botanique savante » : hypocratériforme, parce que le mot fait un peu peur ; Annonacées, parce qu'il est fatigant d'ânonner une telle litanie ; et bien sûr Malvacées, parce que c'est de cette famille dont nous parlons et que nous en avons maintenant vraiment assez !

Ce même Alphonse Karr, qui connut son heure de gloire au siècle dernier, en vient donc à nos fameuses Malvacées ; écoutons-le encore :

> « Le savant veut parler de la guimauve, une petite Malvacée traînant dans l'herbe et que vous avez peine à retrouver tant elle est petite *[à vrai dire, Alphonse Karr semble bien confondre la guimauve avec la mauve qui, elle, peut, en effet, être très petite...]*. Écoutons-le : " Le calice est monosépale, les anthères sont réni-

formes et uniloculaires ; le pistil se compose de plusieurs carpelles souvent verticillés ; les fruits forment une capsule pluriloculaire qui s'ouvre en autant de valves qu'il y a de loges, monospermes ou polyspermes ".

Certes, vous n'y avez rien compris, mais retenez seulement les mots et priez le savant de vous parler un peu des baobabs ; voici sa description : " Le calice est monosépale ; les anthères sont réniformes et uniloculaires ; le pistil se compose de plusieurs carpelles souvent verticillés ; les fruits forment une capsule pluriloculaire qui s'ouvre en autant de valves qu'il y a de loges monospermes ou polyspermes ".

Alors vous arrêtez le savant : " Pardon, lui dites-vous, c'est de la guimauve que vous me parlez là, ou du moins c'est ainsi que vous me parliez à l'instant de la guimauve ".

" Guimauve ou baobab, réplique le savant, c'est pour nous absolument la même chose ; nous n'y voyons de ces différences qui frappent le vulgaire et dont la dignité de la science ne lui permet de s'occuper. "

Or, le baobab est le plus grand arbre du monde et la guimauve une herbe modeste ; l'un est au Sénégal, l'autre chez nous. Mais il est bien connu que les savants ne reconnaissent ni la grandeur, ni l'origine, ni l'odeur, ni la couleur, ni le goût. »

Et comme le dit encore de façon amusante Alphonse Karr :

> « Pour eux, le prunier est un cerisier ; l'abricotier est un prunier comme le mirabellier, le quetschier, le pêcher. Tous pour eux sont des Prunus ; alors qu'en d'autres cas, ils donnent dix noms différents à une plante qui nous paraît à nous, vulgaire, n'en mériter qu'un seul. »

Plus d'un siècle plus tard, les choses n'ont guère changé et la pressante nécessité de réconcilier le botaniste savant et le commun des mortels continue de se faire sentir. C'est à quoi l'on tente ici de s'employer.

Le savant n'a pas tort lorsqu'il emploie des mots précis pour désigner des notions précises, et il n'a pas tort non plus lorsqu'il regroupe au sein d'une même famille des plantes dont les architectures florales voisines confirment les affinités profondes. Toutes ces plantes, en effet, ayant les mêmes ancêtres, sont intimement apparentées, même si, au fil du temps, elles se sont adaptées à des pollinisateurs ou à des climats différents. Ce qui manque peut-être à ce botaniste, c'est d'essayer de parler parfois le langage de Monsieur Tout le Monde. Bref, on lui souhaiterait pour un peu de pratiquer le double langage, sinon la double pensée...

Linné ou les audaces d'un théologien reconverti

L'idée de classer les plantes en fonction de l'architecture de leurs fleurs, c'est-à-dire de leurs organes sexuels, vient de loin. Mais c'est Linné, le grand biologiste suédois du XVIIIᵉ siècle, qui l'accrédita de façon décisive.

Il eut l'idée de classer toutes les plantes en vingt-quatre groupes en fonction du nombre, de l'allure et de la structure de leurs étamines. Ainsi regroupe-t-il par exemple toutes les plantes dont les cinq étamines, très petites, sont soudées entre elles par leurs anthères, c'est-à-dire par la partie jaune porteuse de pollen, en une sorte de tube ou de manchon que traverse l'organe femelle. Toutes les plantes présentant ces caractéristiques entrent, selon Linné, dans la famille des Composées où elles sont restées depuis lors. D'autres plantes ont six étamines, dont quatre sont grandes et deux petites ; Linné les classe toutes dans la famille des Crucifères, car de surcroît les plantes qui possèdent de telles étamines disposent en même temps de quatre pétales en forme de croix. Les plantes qui ne possèdent qu'une étamine et dont tous les grains de pollen sont soudés en une masse unique sont classées par Linné parmi les Monandres ; si les étamines sont au nombre de deux, avec toujours les grains de pollen soudés, nous avons affaire aux Diandres : Monandres et Diandres forment deux groupes dont la somme constitue la famille des Orchidées.

Nous n'allons pas poursuivre l'égrenage des vingt et un autres groupes, d'autant que la plupart conduisent à des regroupements très artificiels. Ainsi le groupe à 0 étamine contient-il pêle-mêle les fougères, les champignons, les algues, les mousses et les lichens, qui, n'étant pas des plantes à fleurs, n'ont évidemment jamais d'étamines et se reproduisent de manière toute différente. De même, le groupe à 3 étamines conduit-il à des regroupements assez peu probants, puisqu'il contient des plantes aussi différentes que la Valériane, le Blé et l'Iris.

L'erreur de Linné fut de ne tabler, pour classer les plantes, que sur un seul caractère ; c'est un peu comme si on classait les individus d'une population en fonction de la pointure de leurs souliers. On risquerait alors de séparer de vrais jumeaux sous prétexte que l'un chausse du 39 1/2 et l'autre du 40. A l'inverse, un métis et un vacancier bronzé par la pratique du ski seraient réunis dans un même groupe sous prétexte que leur peau est de même couleur.

Le système de Linné était donc appelé à mourir, remplacé par des classifications plus modernes prenant en compte non pas un, mais tout un ensemble de caractères. Une réelle ressemblance ne peut en effet découler que de la présence chez deux plantes, deux animaux, ou même deux hommes, de nombreux caractères communs comme on en voit entre frères et sœurs ou entre plantes de la même famille.

Mais la classification de Linné eut en son temps un retentissement considérable. Le grand savant avait été dès son jeune âge fortement influencé par les travaux du Français Vaillant sur la sexualité des plantes, à une époque où la langue française était encore une langue scientifique internationale. Linné, exceptionnellement précoce, n'avait que vingt-huit ans lorsqu'il publia en 1735 son système de classification, le célèbre *Systema naturae*. La lecture de cet ouvrage entièrement écrit en latin, 250 ans après sa publication, est époustouflante. Car non seulement Linné fonde toute sa classification sur la sexualité végétale, mais il le fait d'une manière imagée qui paraîtrait absolument scandaleuse sous la plume d'un scientifique contemporain. Pour le jeune Linné, fort peu soucieux des critiques d'anthropomorphisme ou d'anthropocentrisme qui pourraient lui être adressées, les étamines sont des maris et les pistils des épouses. Mais, chez les fleurs comme chez les humains, les mariages sont parfois illégitimes et les épouses sont alors en compétition avec des amantes ou des concubines. Ainsi Linné décrit-il chaque type de fleurs selon des schémas toujours étrangement décalqués sur ceux que nous offre l'observation des mœurs de nos congénères.

Emporté par son style et par sa flamme, il va jusqu'à qualifier sa propre épouse de « lys monandre », voyant en elle le double symbole de la fidélité et de la virginité... Mais, malgré ce langage déroutant, chaque type de fleur est décrit avec une remarquable précision que n'altèrent nullement ces étranges comparaisons. C'est que Linné, très jeune, avait entrepris des études de théologie qui l'avaient familiarisé avec la nécessité de préciser et de catégoriser chaque concept et chaque idée ; rien n'est plus précis en théologie, comme chacun sait, que la définition de la Sainte Trinité ou du mystère de l'Incarnation. Mais, finalement, le goût des sciences naturelles l'emporta et Linné eut l'immense mérite, en interrompant ses études de théologie, d'appliquer aux sciences de la nature les mêmes méthodes et la même rigueur. Ce qui peut paraître aujourd'hui tout à fait surprenant lorsqu'on connaît le débat qui oppose les sciences « dures » (physique, chimie ou biologie) et les sciences dites « molles » (notamment les sciences humaines). Au XVIIIᵉ siècle, au contraire, la théologie, qui n'est pas à proprement parler une science humaine, puisque son objet est la connaissance de Dieu, était une science « dure », alors que les sciences de la nature manquaient encore beaucoup de méthode et de rigueur : elles étaient des sciences molles... qui ont bien durci depuis !

Classant les plantes en fonction des étamines et d'elles seules, Linné aurait pu être considéré comme un dangereux phallocrate, ce qui n'eût pas manqué de lui arriver aujourd'hui. A son époque, on le considéra plutôt comme un obsédé sexuel, au point de lui attribuer la découverte de la sexualité végétale, pourtant connue des spécialistes depuis longtemps mais à laquelle ses travaux donnèrent un immense retentissement. Il mourut très affecté par ces critiques, redoutant la punition divine pour avoir si fâcheusement introduit le sexe là où, à son époque, on croyait encore qu'il n'était pas...

Un siècle plus tard, le grand Darwin eut à subir des critiques analogues de la part de ses contemporains. Dans *L'Ascendance de l'Homme,* paru en 1871, n'avait-il pas eu l'audace de prétendre que l'homme descendait du singe ? Cette affirmation avait alors horrifié l'Angleterre victorienne, et une lady anglaise à laquelle on avait annoncé la nouvelle s'exclama : « Descendant du singe, mon Dieu ! Pourvu que cela ne soit pas vrai, et si cela l'était, pourvu que cela ne s'ébruite pas... »

Hélas, la chose s'ébruita singulièrement, ce qui valut à Darwin les pires anathèmes.

Darwin, dont le génie était universel, examinait avec patience et décrivait avec une extrême précision la pollinisation des fleurs par les insectes. Il passait des journées entières à observer une orchidée dans l'attente de la visite d'un pollinisateur ; aujourdhui encore, les botanistes anglais restent sans doute les seuls au monde à pousser aussi loin la patience des longues observations sur le terrain, exercice considéré dans les pays latins comme un passe-temps inutile et désuet, ou à la rigueur comme un aimable divertissement, dépourvu de toute noblesse scientifique. Il est vrai que, pour ce faire, il n'est point besoin d'appareils scientifiques et que de nos jours, la qualité d'un savant s'apprécie au degré de sophistication et au coût des engins qu'il manipule ! Sur ce point, les traditions anglo-saxonnes tranchent fortement sur les nôtres. Il est probable que si l'approfondissement de la connaissance de la nature était confiée aux seuls pays latins, nous ne saurions que peu de choses sur l'écologie, et nos écrans de télévision ne nous instruiraient guère sur la vie des animaux ou celle des plantes dont les plus belles images proviennent toujours des pays anglo-saxons.

Mais revenons à Darwin à qui ses longues observations sur la pollinisation des fleurs valurent d'être traité de voyeur ! L'extrême pudibonderie de sa fille n'arriva même point à le disculper de ce soupçon. Ne dit-on pas que celle-ci passait ses week-ends à chasser dans les bois les Satyres puants, ces champignons proprement obscènes et provoquants, affreusement malodorants, qu'elle enterrait pudiquement afin d'éviter que les jeunes filles anglaises imprudemment égarées dans leur promenade ne fussent choquées par ces végétaux phalliques ?

Les savants d'autrefois n'étaient guère à l'abri des critiques et les siècles qui nous ont précédé alimentèrent de violentes polémiques. Enjambant hardiment les frontières des disciplines, ce que nul ne s'aventurerait à faire aujourd'hui, ils s'affrontaient sur le terrain à armes et à visages découverts. Le strict cloisonnement que la fin du XIXe siècle fit tomber entre les sciences n'existait pas encore, il est vrai, et le génie était alors souvent universel. Les comparaisons les plus inattendues, les analogies les plus audacieuses étaient monnaie courante, et, à la lecture de ces diatribes ou de ces vertes prises de becs, on reste fasciné par la vigueur et le panache du verbe de nos ancêtres.

Goethe, autre génie universel, manifestait par exemple une très vive aversion pour la sexualité des plantes et le disait ; il détestait « ces perpétuelles histoires de mariage ». Un de ses admirateurs critique à son tour vigoureusement cette façon de considérer les plantes « comme des mécanismes sans âme, juste bons à copuler... ».

Bonnet ou la botanique en dentelles

Mais le XVIIIe siècle sut conserver à la botanique sa réputation de science aimable, tout particulièrement grâce à l'œuvre d'un botaniste français, Charles Bonnet, qui remit les choses au point avec le doigté et la délicatesse qui appartiennent, dit-on, au génie de notre peuple. Donnons-lui la parole :

> « En cueillant des fleurs, belle Zoé, dans ce bosquet solitaire, vous formez le projet insensé de fuir l'amour dans le lieu même où il a caché son âme et établi son empire.
>
> J'applaudis à votre goût naissant pour l'histoire naturelle et si, comme je le pense, vous donnez la préférence à la botanique, je vous en présenterai l'étude sous des formes qui vous seront agréables et qui seront nouvelles ; cette partie aimable de l'histoire naturelle, dont l'étude fait journellement les délices des dames, pourra vous intéresser d'une manière plus piquante encore lorsque vous apprendrez que, par analogie, vous pourrez trouver dans l'amour végétal les jouissances pures et délicieuses de l'amour. Mais cette étude, allez-vous dire, exige rigoureusement la connaissance des langues latines. Non, Zoé... »

Ainsi s'exprime Charles Bonnet dans son ouvrage *L'Amour végétal*, paru en 1809 à Paris [1]. Il entend bien retraduire la botanique en « langue aimable » et rendre accessible à tous, sans choquer personne, la classification de Linné rédigée en latin et donc inaccessible au grand public. Charles Bonnet s'en explique en ces termes :

> « Voici le système de Linné présenté d'une manière méthodique, traduit, enjolivé pour l'usage des dames. Quelques périphrases modestes substituées à celles de l'auteur adoucissent certaines plaisanteries que la délicatesse de notre langue ne saurait supporter. A cet égard près, Linné voit ici son système retracé avec la plus grande exactitude... »

---

1. Charles Bonnet, *L'Amour végétal*, Louis Pariente, 1978 (1re Éd. Maugebert Fils, Paris, 1809).

Bonnet, on le voit, a grand soin de présenter la botanique aux dames avec toute la précision mais aussi toute la délicatesse séante. Tel était l'esprit du temps, et cet auteur, tombé aujourd'hui dans l'oubli, a parfaitement réussi sa mission ; beaucoup mieux sans doute que son contemporain Jean-Jacques Rousseau qui, dans ses lettres botaniques à sa cousine, expose dans un langage précis mais mortellement ennuyeux les rudiments de notre science.

En fait, Charles Bonnet pousse à la perfection l'art de manier l'aimable analogie, amenant ainsi, comme il le dit lui-même, « quelques légers changements dans le langage de la botanique ». L'étamine devient l'amant, le berger, le mari. Le pistil devient la maîtresse, la nymphe ou la bergère. L'ovaire devient l'enfant ou encore la « tendre progéniture ».

Les organes sexuels ainsi nommés, on comprendra que toutes les plantes à fleurs, c'est-à-dire toutes les plantes qui exhibent leurs organes sexuels sans fausse honte à la vue de l'observateur, seront classées dans la rubrique « des noces publiques », autrement dit des plantes à fleurs voyantes :

> « Dans les noces, amants et bien-aimées se montrent en public ; entrouvrons les pétales monocolores ou panachés d'une tulipe, le rideau de cette couche mystique : qu'y voit-on ? Six bergers disposés en couronne faisant la cour à la bergère qui se tient au milieu. »

De fait, la tulipe possède six étamines disposées en cercle autour d'un pistil central proéminent.

Ces noces publiques s'opposent naturellement aux noces secrètes :

> « Ici, plus de fleurs visibles, plus de couche nuptiale enjolivée de la main des parents. Où se font les noces ? On l'ignore. Le monde se remplit d'enfants qui n'ont plus ni père ni mère. »

On aura reconnu, dans ce vaste groupe, fougères, mousses, algues, champignons, toutes plantes n'offrant jamais de fleurs.

Comme chacun peut aisément le constater, la plupart des fleurs portent les deux sexes : étamines et pistil ; on les dit hermaphrodites. Linné avait pompeusement qualifié ces fleurs *« mariti et uxores uno eodemque thalamo gaudent »*, ce qui veut dire : « Les maris et les épouses se réjouissent ensemble dans la même couche nuptiale. »

On notera au passage ce *« gaudent »*, ces réjouissances amoureuses qui semblent avoir tant séduit Linné. Bonnet, à son tour, s'émerveille devant la joie de ce seul « lit » qui le transporte, dit-il, « au temps fortuné de nos bons aïeux ». D'où l'on peut déduire que les gens de bonnes mœurs, au XVIIIe siècle, ne partageaient pas le traditionnel lit conjugal qui fait en notre temps la fortune des Galeries Barbès... et prive d'un sommeil paisible la moitié de la République !

Bonnet pousse son émerveillement plus loin encore ; il admire « la complaisance de la nature, qui non seulement fait des fleurs ces êtres si jolis, mais qui, de surcroît, les sachant immobiles et fixes sur leur support, a la délicatesse de rapprocher les sexes puisqu'il est impossible aux fleurs de se rapprocher l'une de l'autre ».

Quant au nombre de maris, il est notoire qu'il varie, selon les fleurs, en gros de un à cent ; et chacun de ces cas correspond naturellement à une classe de Linné qui en avait déterminé 24, dont les treize premières se distinguent précisément par le nombre de maris. A la limite, on pourrait décliner, comme une table de multiplication, le nombre des étamines : 1 comme Centranthe (curieuse équation, mais il faut savoir que le Centranthe est une Valériane sauvage, et non une valeur arythmétique !), 2 comme Jasmin, 3 comme Iris, 4 comme Scabieuse, 5 comme Primevère, 6 comme Tulipe, 7 comme Marron, 8 comme Capucine, 9 comme Laurier, 10 comme Œillet... Dommage que la Capucine ait trois syllabes, ça casse le rythme de la récitation. Et la Parisette ne vaut guère mieux ! Seulement voilà, les plantes à 8 étamines sont rares, très rares même. Alors restons-en là !

Les Pruniers et les Pommiers en ont de 10 à 20, le

Coquelicot, comme le Nénuphar ou la Pivoine, de 20 à 100 ; et les Baobabs, de célèbre mémoire, pas moins de mille !

Mais Bonnet songe aussi à la santé de ses lectrices ; il note en passant, de-ci de-là, les propriétés médicinales des plantes qu'il évoque. Ainsi le sirop de Nénuphar est-il conseillé pour les affections vaporeuses des jeunes religieuses ; il ajoute que « c'est de l'usage sacré qu'en faisaient les nymphes, qui étaient les nonnes d'autrefois, que cette plante adoucissante, apaisante et balsamique, a tiré son nom latin de *Nymphea* ». Bonnet ne fait que reprendre ici une tradition universelle selon laquelle toutes les civilisations, en passant par l'Inde et par l'Égypte, et depuis toujours, ont vu dans le Nénuphar une plante calmante de nature à apaiser la vigueur des passions, les désirs inavouables ou honteux. Cette plante, dont les racines s'enfoncent dans la vase, dont la tige se purifie dans l'eau et dont la fleur s'ouvre à l'air pour s'épanouir au soleil, ne symbolise-t-elle pas la décisive victoire des forces de l'esprit sur les pesanteurs de la matière ? L'Égypte en fit même le symbole de la naissance du monde et de la Vie s'arrachant à l'empire des eaux primordiales et jaillissant vers le Soleil, maître de toute vie.

En excellent botaniste qu'il est, Bonnet, comme Jean-Jacques Rousseau, note « qu'il faut bien se garder de faire de la botanique dans les jardins où les plantes ont été transformées par la culture ». Il déconseille vivement d'observer « les renoncules ou les anémones cultivées, car les étamines par la culture ont été transformées en pétales, de sorte qu'elles ne sont pas en nombre régulier comme elles le sont dans la nature ».

Et c'est sans compter avec l'inégalité bien connue de ladite nature, qui n'offre pas à chacun les mêmes talents, et pas toujours non plus le même nombre de talents. Bonnet note les fâcheuses disgrâces dont sont frappés certains garçons. C'est le cas, selon lui, de la Giroflée où l'on voit quatre grandes étamines et deux petites, toujours diamétralement opposées ; les petites lui paraissent méprisables et voici qu'aussitôt il les condamne en s'écriant : « Race inféconde et dédaignée, race de Caïn !... » Pourtant, il ajoute aussitôt : « C'est certes un malheur d'avoir deux petits maris, mais quelle consolation d'en avoir quatre de belle taille ; c'est le cas de toutes les Crucifères. » Et il poursuit, en bon observateur qu'il est, toujours à propos des Crucifères :

> « Vous les reconnaîtrez, Zoé, à cette chance conjugale qui les distingue. Remarquez encore leurs pétales ordinairement blancs ou jaunes : ces rideaux de la couche nuptiale sont constamment au nombre de quatre et donnent à la fleur la forme d'une croix. »

Mais voici maintenant les maris-frères, et nous découvrons la Mauve et la Guimauve où toutes les étamines sont soudées à la base en une colonne unique et centrale : « La bergère au centre est ainsi honorée par une troupe de frères comme au temps de l'innocence : celle des premiers fils d'Adam ou de Noé qui n'étaient point jaloux. » Et Bonnet de conclure : « Leurs âmes pures, à l'abri des passions fougueuses qui portent le ravage dans nos sociétés, étaient heureuses aussi du bonheur de leurs frères et confondaient dans leurs affections et les fils, et les neveux. Oh temps fortuné ! » Il ajoute non sans nostalgie : « Tout a changé, et grâce aux rentes viagères, chacun n'aime plus que soi ; les fleurs seules ont conservé les affections du premier âge. »

Superbe, n'est-ce pas, cet hymne à la fleur innocente, semée avant nous dans les Jardins d'Éden !?

Mais cette revue des architectures florales, traduites en langage conjugal, nous amène évidemment aux cas scabreux. Le premier a été défini par Linné en latin : « *mariti cum genitalibus fœdus constituerunt* ». Bref, les fleurs homosexuelles. Bonnet entreprend sa dissertation sur le sujet avec toutes les précautions d'usage :

> « Oh ! Quelle plume craintive et délicate osera jamais exprimer d'une manière claire et sans équivoque l'espèce d'alliance qui règne ici entre les maris ? Trois fois dans cet endroit je jetais la plume avec dépit, n'osant m'exposer à la colère des dames, et

trois fois un démon malin a voulu me persuader que si leur aimable colère était facile à s'émettre, on l'apaisait avec non moins de facilité. »

Voici pour la périphrase, et maintenant le corps du sujet : « Car c'est par les anthères, Mesdames, que les maris ici sont unis à la bergère. » Association qu'exprimerait assez bien la phrase proverbiale : « plusieurs têtes dans un même bonnet »...

Mais voici pire encore dans l'impudicité. Linné écrit : *« mariti et uxores monstruose connati »*, ce qui signifie : « les maris et les femmes en position, disons... délicate », ou, pour parler clair : « organe mâle soudé à l'organe femelle ». Et voici à nouveau le commentaire ad hoc :

> « Ici la plume se refuse à toute explication, image ou métaphore ; passons, Zoé, et passons vite. Vous trouverez deux maris parfaitement heureux dans les fleurs bizarres de l'Orchys, dont les vertus contraires à celles du nénuphar sont fort vantées dans les anciens auteurs, mais passons, passons... »

En vérité, Bonnet passe si vite qu'il ne prend pas même le temps d'observer cet accouplement monstrueux et permanent : car en y regardant de près, il eût observé qu'un seul mari est associé chez l'Orchys au pistil, et que ce ménage est d'autant plus estimable pour un observateur du XVIIIe que sa pudibonderie est légendaire. Bien plus, et pour être clair, c'est de stérilité qu'il faut parler à propos de ce mariage, puisque les Orchidées sont incapables de s'autoféconder, sauf rarissimes exceptions. Pas de quoi, mon cher Bonnet, dénigrer un Orchys ou un Ophrys ! Évidemment, direz-vous, il n'est respectable qu'à condition de ne point être déterré ; car alors il présente ses deux bulbes en forme de testicules, qui lui valent son nom d'Orchys : terme grec pour testicules, précisément. Il n'en est pas aphrodisiaque pour autant, comme vous le suggérez ; sauf toutefois pour un insecte qui lorgnerait sa fleur en forme de fausse femelle, mais tel n'est pas, que je sache, notre problème ni le vôtre, mais bien plutôt le sien. Passons, passons...

Le « style Bonnet » connut un grand succès. Vulgarisateur de talent, il contribua à occulter involontairement l'œuvre botanique de Goethe, son éminent contemporain. Celui-ci s'en émut et dut accepter que sa « métamorphose des plantes » ne fût pas reçue comme il l'espérait :

> « Des peines plus sérieuses, écrit-il, me furent causées par des amis de l'extérieur, auxquels dans mon bonheur j'avais distribué les exemplaires d'auteur ; ils me répondirent tous plus ou moins dans la langue de Bonnet, car sa *Contemplation de la Nature* avait séduit les esprits par son apparente clarté et propagé un langage dans lequel on croyait avoir quelque chose à dire et se comprendre mutuellement. Personne ne voulait prendre la peine de se faire à ma manière de parler. Ne pas être compris, lorsque, après avoir pris tant de peine, on croit enfin comprendre et soi-même et la chose, est le plus grand des tourments ; c'est à devenir fou que d'entendre toujours répéter l'erreur dont on s'est soi-même dégagé avec peine, et rien de plus pénible ne peut nous arriver que de voir ce qui aurait dû nous lier avec des hommes instruits et intelligents provoquer une séparation sans remède. »

Ce texte de Goethe est bouleversant. Comme tous les génies, l'homme fut incompris et rejeté par beaucoup de ses contemporains, et plus encore par ses pairs. Expérience que bien d'autres firent avant et après lui...

Mais le temps a rendu son verdict. Qui, aujourd'hui, se souvient encore de Charles Bonnet ? Quant à Goethe, il a pris sa place au panthéon des géants de l'humanité.

Alors, Linné et Bonnet : même combat ? Oui certes, mais où l'on voit un théologien pratiquer gaillardement le langage érotique et un botaniste mondain restaurer, à partir d'ycelui, la réputation momentanément blessée de la botanique, science aimable. En fait, le siècle des Lumières s'est acharné à respecter la virginité des fleurs afin de ne point trop les déflorer. Or, toutes ces métaphores sont parfaitement fondées, parfaitement rigoureuses, et se rapportent à des types de fleurs parfaitement bien observées.

Elles rappellent opportunément que les fleurs sont les organes sexuels des plantes, le lieu de leurs amours. Et que l'amour, chez les fleurs, se pratique avec des raffinements et des perfectionnements surprenants.

L'amour chez les fleurs

L'amour règne dans les trois règnes

L'amour chez les fleurs est sans doute l'un des chapitres les plus émouvants et les plus étranges de l'histoire de la Vie ; nous l'avons déjà abondamment développé en lui consacrant un livre entier[1]. On ne reproduira ici que les épisodes les plus « chauds » de leurs épopées amoureuses, agrémentés de quelques réflexions nouvelles que les progrès des connaissances et le temps de la réflexion nous ont suggérées depuis lors.

Dans sa fonction amoureuse, la fleur ne manifeste pourtant guère de grands élans : point de passion dévorante, point de flamme dévastatrice. Immobiles et silencieuses, les fleurs restent bien là comme ailleurs dans leur rôle. On les contemple, on les admire, mais on ne les voit jamais faire quoi que ce soit ! Ni fortuite rencontre, ni pressantes étreintes, ni tendres enlacements. Qui prétendrait observer leur vie amoureuse, tout affriolé à l'idée de surprendre quelque secret d'alcôve particulièrement croustillant, en serait pour ses frais. Car le monde végétal conserve jalousement ses secrets et ne les livre qu'avec parcimonie aux seuls regards complices, capables de sen-

---

1. *Les Plantes : Amours et Civilisations végétales*, Fayard, 1981.

tir et de pressentir « sa vie intérieure ». En revanche, qui ne sait ni voir ni sentir ne voit rien, ne sent rien !

L'amour chez les fleurs, ce sont deux aventures qui se succèdent et se complètent en une épopée souvent étonnante, parfois héroïque.

La première est un voyage : celui du pollen vers le pistil. Voyage toujours « organisé » par quelques convoyeurs judicieusement affectés à cette tâche par dame Nature. Ces agences de voyage pour pollen mettent à contribution tantôt le vent, tantôt l'insecte, qui sont les agents les plus fréquemment préposés à cette tâche ; mais l'oiseau, la chauve-souris, voire même la souris ou la fourmi jouent également leur rôle. L'amour chez les fleurs est d'abord l'art de séduire cet intermédiaire ou tout autre vecteur de pollen : passage obligé entre une fleur et sa partenaire éternellement inconnue, l'autre fleur qu'elle fécondera. Cette première étape des amours végétales est entièrement passive : aucun choix ne se dessine entre fleurs, aucun mouvement ne les pousse l'une vers l'autre. Si Dieu et la nature le veulent, un grain de pollen d'une espèce donnée finira par atterrir sur un organe récepteur femelle d'une fleur de la même espèce.

Le contact établi, commence alors la phase active où la cellule femelle, tapie au fond du ventre de la fleur, en émettant ses hormones attirera et choisira le grain de pollen de son goût. Cette seconde étape est l'acte sexuel proprement dit : c'est la fécondation. Le transport du pollen n'était en somme que les nécessaires préliminaires : c'était la pollinisation.

Bref, une fois le transport du pollen assuré, l'on passe des ruses et séductions de l'amour aux exercices plus platement biologiques de la sexualité. Le grain de pollen fusionne avec la cellule femelle et donne un œuf, conformément aux lois régissant la sexualité depuis plus de deux milliards d'années et sans qu'en cette matière la nature ait vraiment beaucoup innové. Elle s'obstine au contraire à perpétuer le même schéma depuis les algues, apparues bien avant les fleurs et bien avant nous ; et nous ne faisons que répéter comme elles, infiniment et indéfiniment, le même scénario initial, celui de l'équation sexuelle du $1 + 1 = 1$, une cellule mâle + une cellule femelle = un œuf, thème fondamental d'une symphonie dont modulations et mouvements varient à l'infini comme varient les couleurs et les chansons de l'amour.

Les fleurs déploient donc leurs stratégies amoureuses pour séduire leurs pollinisateurs, mais se réservent le soin d'exercer entre elles la fonction sexuelle. Elles dissocient en quelque sorte l'amour et le sexe. Cette dissociation n'a cependant rien à voir avec cette redoutable forme de schizophrénie qui s'empare çà et là de certains de nos contemporains, au point de banaliser la sexualité jusqu'à en faire un acte parfaitement anodin qui, dans les cas-limites, devient même incompatible avec l'amour. Si les fleurs semblent bien agir de même, elles ont en la matière de larges circonstances atténuantes : leur immobilité les condamne à devoir inventer d'habiles stratagèmes pour s'assurer les services nécessaires d'un agent intermédiaire à l'égard duquel elles déploieront tous leurs charmes. Chez les fleurs, ce n'est pas le partenaire qu'il faut séduire, mais l'agent qui vous mettra en contact avec lui. Pas étonnant que cet intermédiaire soit traité avec déférence et considération. Aussi voit-on les fleurs déployer des trésors d'imagination pour s'offrir avec délicatesse à la caresse du vent ou pour attirer et séduire — par de subtils artifices — l'insecte volage. C'est dans les rapports des fleurs et des insectes que se déploient avec le plus de grâce et de splendeur les multiples facettes de la grande épopée de l'amour végétal.

Voilà donc pour l'amour et la sexualité végétale ! En fait, entre étamines et pistil, entre fleurs mâles ou fleurs femelles, aucun projet commun, aucun contrat de fidélité, aucun amour durable. Rien à voir avec l'amour courtois, la forme la plus noble de l'amour ; ni même avec l'amour des chansons dont on sait bien qu'il ne rime pas toujours... avec toujours !

Les fleurs ne rêvent point à d'éternelles amours : la

fécondation réussie, le couple éphémère se dissout et la mère gère seule la descendance. Telle est la loi des fleurs, qui exclut toute participation maritale. Point de déception, point d'illusion, point de chagrin d'amour.

Car le but de l'amour chez les fleurs n'est pas la formation d'un couple, mais exclusivement la procréation : la formation de l'œuf, puis sa transformation en un embryon contenu dans une graine que la fleur-mère protégera et alimentera jalousement jusqu'au jour où elle lui donnera son indépendance en la libérant dans le milieu extérieur ; à partir de là, la graine, mère de la future plante, va vivre sa vie.

Étrangement, et par une singulière inversion chronologique, cette phase d' « adolescence », de liberté fraîchement acquise, se situe chez les plantes *avant* leur naissance, puisque celle-ci correspond, on l'a vu, à la germination des graines. Encore une preuve, s'il en était besoin, que ce fameux « monde vert » fait souvent tout à l'envers !

Mais les plantes ont l'art de manier le paradoxe : il n'est que de voir les efforts déployés par la fleur pour attirer le pollinisateur et son précieux pollen, et le peu de cas qu'elle fait du sexe mâle dès que la fécondation a eu lieu. Il faut voir avec quelle célérité la fleur met ses étamines hors-jeu dès qu'elles ont livré leur pollen ! Ainsi de ces châtons mâles de noisetier ou de peuplier jonchant le sol à la fine aube du printemps, après avoir livré au vent des nuages de « poudre fertilisante » dont quelques grains seulement auront atteint leur but.

Mais, à y regarder de plus près, l'effacement du père est moins évident qu'il n'y paraît à première vue ; car les plantes, lors de la fécondation, font deux œufs. L'un donne l'embryon, le fœtus et enfin la future plante : c'est l'œuf « ordinaire » qui découle de la classique reproduction sexuée en exercice dans l'ensemble du monde vivant. L'autre est un œuf « très spécial », que seules dans la nature savent fabriquer les plantes à fleurs : cet œuf, dont un spermatozoïde mâle contribue à l'engendrement, se développe en un tissu nourricier qui servira à alimenter le jeune embryon dans son berceau, la graine, au moment de la germination. La graine, qui est la mère, nourrit donc son petit, mais avec un « lait » à la formation duquel le père a contribué. Ce lait, liquide dans la noix de coco, est solide dans la plupart des graines. Bref, la mère veille sur le berceau et donne le biberon, mais le père a contribué à l'élaboration du contenu : ce qui permet de lui décerner le titre de père nourricier — mais à titre posthume seulement. Car les étamines ou les fleurs mâles ont disparu depuis bien longtemps quand cet allaitement a lieu, des mois ou des années plus tard, lors de la germination des graines. Le matriarcat reste donc de règle chez les plantes, ce qui leur épargne tout problème de couple !

La prime que la nature confère au sexe « faible » (!), nous la décelons aussi chez notre propre espèce : à celle qui porte les enfants ou qui les a portés, elle réserve toujours quelque avantage...

Il n'est que de constater le différentiel de longévité de l'homme et de la femme, qui varie de six à neuf ans selon les pays. Les veuves sont donc environ dix fois plus nombreuses que les veufs ! Et comme la nature fait bien les choses, à ce différentiel de longévité correspond un singulier différentiel de capacités. Mues par une énergie toujours impressionnante, les veuves « prennent promptement le dessus ». Elles se regroupent entre elles, organisent force voyages et envahissent, lorsqu'elles sont américaines, tous les aéroports du monde où des norias de charters les promènent d'un continent à l'autre. Les maris, eux, sont au cimetière. Si les veufs n'en font point autant, ça n'est pas tant parce qu'ils sont moins nombreux, mais plutôt parce qu'ils en sont moins capables. On les voit souvent traîner une existence misérable où les efforts d'organisation visent plutôt à la survie et ne dépassent guère la tartine de beurre, le café au lait et la chemise mal repassée. Pauvres veufs, tout préoccupés de savoir sur qui et quoi ils peuvent s'appuyer ! Heureuses veuves joyeuses dont le mythe a fait fortune, sans doute pas par hasard...

En tout cas, là encore, il y a de la plante dans l'homme !

Mais pour l'homme, tout est tellement plus compliqué. Les enfants élevés, la vie pratiquement accomplie, la nature continue de montrer une sollicitude particulière pour le sexe féminin que les marées mensuelles et menstruelles n'affectent au demeurant que fort peu... Le matriarcat serait-il donc la règle fondamentale de la Vie ? Ou du moins l'une de ses complaisances pour le sexe que l'on eut jadis l'inconscience de qualifier de faible ?

Comparé au célibat et au matriarcat végétal qui exclut tout effort pour construire des couples durables, le statut de notre propre espèce semble beaucoup plus exigeant. Mais nous sommes les humains, ce que la nature a fait de mieux ; aussi peut-elle se permettre de faire monter les enchères. Nous voici donc en quête perpétuelle d'amours éternelles auxquels tous, peu ou prou, qu'ils se l'avouent ou non, se sentent appelés, mais les élus sont rares ! En revanche, la nature se montre plus bienveillante envers certaines espèces d'oiseaux comme la Cigogne ou l'Oie cendrée qui bénéficient de l'exorbitant privilège de vivre — sauf rares exceptions — la permanence et l'unicité du couple toute leur vie durant : c'est l'amour sans retour ! Chez les Mammifères, l'amour à vie ne se décèle plus que chez quelques espèces de petits Lémuriens, ancêtres des singes — et aussi les nôtres. Sur ce point, ils n'ont guère été suivis par leur descendance dont les mœurs se sont singulièrement dévoyées. Car pour les pauvres humains que nous sommes, l'amour sans retour ne peut être que le fruit d'une aventure audacieuse et volontaire, intégrant de multiples ingrédients dont quatre au moins semblent indispensables à la réussite et à la solidité du couple.

Tentons de les recenser en une courte digression sur l'amour conjugal « idéal » :

Le premier est une compatibilité de caractère minimale, faute de quoi l'entreprise est d'emblée vouée à l'échec. L'on ne saurait imaginer le succès d'un couple dont les partenaires seraient l'un et l'autre, de par leur thème astrologique, « Lion ascendant Lion ». Les heurts incessants de ces deux « moi » hypertrophiés, de ces « supermoi » toujours superbes mais pas nécessairement toujours généreux, ne sauraient en effet aboutir qu'à de perpétuelles querelles, ou plus probablement à une séparation libératrice. Chacun connaît la difficulté de faire coexister plusieurs vieux crocodiles dans le même marigot. Même si le marigot s'appelle mariage et si les crocodiles sont des lions...

Le deuxième ingrédient semble être l'effort volontaire, constant et quotidien, d'attention au partenaire qui ne portera naturellement ses fruits que s'il est partagé et exprime un consensus de part et d'autre. Unilatéral, il sera vite condamné à l'échec, car le découragement finit par avoir raison des meilleures intentions lorsque les efforts se déploient sans cesse en sens unique.

Le troisième ingrédient est évidemment d'avoir un projet commun. Dans la nature, ce projet est naturellement de faire des enfants. Chez les fleurs, l'affaire est rondement menée : sitôt fécondée, on la voit flétrir et s'effacer. Comme chez les roses de Malherbe, le mariage, une fois le projet accompli, ne dure que l'espace d'un matin. Mais nos enfants mettent un temps infini à devenir adultes : leur éducation est donc le projet implicite du couple humain et, dans le meilleur cas, le ciment de sa stabilité et l'aiguillon de son dynamisme. Après quelques millions d'années de présence en ce monde et quelque dix mille ans de « haute civilisation », il est étrange de constater à quel point nous restons médiocrement doués pour donner à chacun de nos petits toutes ses chances de devenir un « petit chef-d'œuvre ». Voilà une préoccupation, en tout cas, qui n'encombre guère les discours officiels et qui n'engendre point d'insomnies chez les responsables de nos médias. Pauvres enfants ballottés de crèches en garderies, d'un parent à l'autre... Comme nous excellons dans l'art d'organiser et de faire ce qu'il ne faut pas faire ! Et puis il y a les grands projets de quelques couples exemplaires, le désir de s'attaquer au « grand-œuvre » : celui de l'amour sans retour. Programme ambitieux et admirable !

Le quatrième ingrédient enfin est l'intuition : savoir garder un secret, savoir sentir le « non dit », pressentir les points faibles du partenaire, le comprendre et l'aimer tel qu'il est, avoir le sens aigu du geste à accomplir, de la parole qu'il faut dire au bon moment. Petits « trucs », petits riens qui sont le ciment et le piment de l'amour. Chacun a son point faible et attend, sans oser ni l'avouer ni se l'avouer, que le partenaire le prenne en compte avec délicatesse et tendresse ; tel est l'ultime secret de l'amour. Et lorsqu'il arrive que ces ingrédients prennent, comme un plat délicatement cuisiné ou une sauce amoureusement préparée, le couple entre alors dans ce « jeu de la constance » que chante si admirablement l'œuvre de Jacques de Bourbon-Busset.

Mais ce code de bonne conduite amoureuse est naturellement marqué par une forte imprégnation de traditions occidentales ; car il est curieux de constater que l'homme est l'unique espèce à présenter en son propre sein et selon ses cultures une extrême diversité de comportements et de mœurs amoureux. Chez les plantes, nombreuses sont les espèces à offrir des comportements rigoureusement identiques ; ainsi, par exemple, toutes les espèces pollinisées par le vent présentent les mêmes adaptations et se comportent de la même manière. Chez les animaux, chaque espèce a ses comportements spécifiques, auxquels tous les individus sont soumis : la manière de vivre des chimpanzés n'est pas celle des gorilles, et les mœurs des orang-outans ne sont certes pas celles des babouins ! L'homme seul, inaugurant en cela « le quatrième règne », est la seule espèce présentant des comportements variables selon les cultures. La formation et l'agencement des couples s'élaborent selon des critères différents en Chine, en terre d'Islam ou en terre de tradition chrétienne. Et la culture des sociétés industrielles — la dernière surgie à la surface de la planète, et aussi la plus avancée — pousse plus loin encore le paradoxe, puisqu'elle va jusqu'à diversifier radicalement les comportements d'un individu à l'autre. Les temps sont loin — si tant est qu'ils aient jamais existé — où les humains suivaient au doigt et à l'œil les codes et règles édictés par exemple par l'Église. Tout au moins beaucoup s'y efforçaient-ils ou faisaient mine de s'y conformer. Ces temps sont révolus et chacun entend désormais organiser sa vie à sa guise, d'où cette étrange impression de confusion qui se dégage de l'évolution « tous azimuts » des mœurs actuelles. D'où aussi sans doute, par réaction et peut-être par souci de se sécuriser en se refondant dans la collectivité, cette précipitation des masses humaines dans une grégarité généralisée que favorisent les images et les idées véhiculées par la radio et la télévision, auxquelles chacun s'identifie plus ou moins consciemment. D'où enfin les dégâts, pour ne pas dire les désastres affectifs, multipliés à l'infini, attestant à l'évidence que le bonheur n'est pas un dû, et qu'il n'existe en cette matière ni S.M.I.C. affectif, ni « assurance sociale » du cœur !

Si les parents boivent moins qu'en d'autres temps — et encore, est-ce si sûr ? —, les enfants, eux, trinquent plus que jamais. Que d'enfants marqués à vie pour n'avoir reçu très tôt la dose minimale de tendresse nécessaire à l'épanouissement de l'affectivité humaine ! Que d'échecs, que de ratages ! Que dire d'une société qui « rate » tant de ses enfants ? Et qui les rate même deux fois : car après avoir « collé » les petits un peu n'importe où selon opportunités et possibilités, la voici qui s'agenouille, veule et stupide, devant ses adolescents, ces « jeunes » dont il est de bon ton de ménager toutes les susceptibilités et qu'il convient d'écouter et d'imiter pour avoir un « look branché », même quand ils n'ont rien à dire et ne font rien ! Les sociétés anciennes vénèrent l'expérience et la sagesse, fruits de l'âge et de la maturité. La nôtre met ses vieillards dans des centres de gériatrie. Les sociétés traditionnelles mettent les jeunes à l'épreuve et au travail ; nous les vénérons, tout en les laissant au chômage...

Décidément, notre culture exige plus qu'un épousse-tage ! C'est d'une vraie révolution culturelle dont nous aurions besoin. Et foin de la mode ou de la modernité qui n'ont jamais, en cette matière, apporté la moindre garantie de justesse et de sagesse aux comportements humains dont les racines puisent dans notre patrimoine génétique et culturel, non dans les colonnes du dernier périodique à la mode !

L'auteur serait-il réactionnaire ? Non : il dit ce qu'il sent ; et il n'aime pas qu'on abîme les enfants, moins encore ces jeunes tentés par les mirages de la « pub », par tout ce dont ils seront à jamais frustrés. Sale travail.

Les plantes, certes, n'ont point de tels problèmes ; elles pratiquent systématiquement un comportement unique, fondé sur un principe également unique : l'organisation d'une prostitution généralisée mais féconde, aboutissant à un matriarcat efficace et fonctionnel. Seul le hasard règle les rencontres et le mari doit promptement céder le pas à l'épouse qui prend en charge, seule et avec efficacité, l'élevage des petits. Pourtant, ce hasard, pour aboutir à l'extraordinaire prolifération du monde végétal que l'on voit, ne doit pas être totalement laissé... au hasard. Aussi la nature, afin de prendre un maximum d'assurances, n'économise-t-elle pas ses fleurs : un prunier au prin-temps, c'est dix mille fleurs, toutes amoureuses à la fois. Sexualité silencieuse et paisible, mais qui pourrait dire si elle n'est pas sans joie ? Il faudrait être plante pour le savoir.

D'un point de vue symbolique, les fleurs évoquent étrangement une double image de la femme. Chaque fleur est d'abord, jusqu'à sa pollinisation, une séductrice invétérée, une sorte de prostituée qui n'engage que de très brefs rapports avec le pollinisateur. C'est alors l'image de la séductrice, de la femme fatale qui s'impose à l'esprit ; image que les Orchidées illustrent parfaitement. Mais, dans un deuxième temps, une fois la pollinisation effec-tuée, les fleurs deviennent des mères, et c'est là leur véri-table vocation. Car la fleur, en réalité, n'est pas une prostituée, puisqu'elle cesse tout négoce avec le pollinisateur dès que l'enfant est conçu ; or le souci d'une prostituée est justement de ne point concevoir et de conserver sa clientèle. Elle n'est point non plus une épouse, puisqu'elle n'a jamais de mari. Le vrai modèle de la fleur serait plutôt celui d'une mère célibataire moderne qui se fait faire un enfant, puis l'élève seule.

On retrouve dans les racines et les mécanismes mêmes du fonctionnement et de la vie des fleurs une étrange parenté avec les mythes fondateurs du judéo-christianisme ; d'un côté, la femme tentatrice et séductrice : Ève qui pourtant débouche par ses œuvres sur l'aridité d'une terre qui n'est plus féconde comme l'étaient les jardins d'Éden ; et, en face, l'image de la Vierge Marie dont la présence silencieuse mais constante à travers les Évangiles symbolise le rôle discrètement fécond d'une mère. Image qui méritera bientôt de plus amples développements.

Mais il y a mères et mères. Les unes possessives et abusives, d'autres indignes. Voyons la Cerise...

Pour trouver son bébé, il faut traverser successivement la peau, puis la pulpe, puis le noyau, puis la peau de la graine, puis le corps de la graine, pour observer enfin à la loupe le minuscule embryon endormi en son sein. Ici la nature se doit d'être prudente : protéger le bébé, certes, mais pas trop ! Car une protection trop forte, un noyau trop dur pourrait avoir des résultats catastrophiques : c'est bien le malheur qui risque d'arriver aux Cerises, dont les bébés sont enveloppés dans des noyaux si durs que, bien souvent, ils ne réussissent point à les percer à leur naissance. A moins que les étourneaux, par un long séjour des noyaux dans leur tube digestif, ne les amollissent quelque peu et ne facilitent ainsi la germination. Quant aux moins favorisés, ils resteront morts-nés : tragique image d'une mère possessive qui étouffe à force de protection l'affirmation nécessaire de la personnalité de son enfant.

Mais la nature nous donne aussi l'image de la mère débonnaire et indifférente, disons de la mère indigne.

C'est bien ce qui se passe chez les Orchidées où la mère ne pourvoit en rien à la nourriture du bébé, condamné à s'en remettre aux organismes de solidarité présents dans son environnement, en l'occurrence des champignons. Le bébé orchidée n'a quelque chance de s'en sortir que si le système général de protection sociale de la nature met ce tuteur à sa disposition : c'est lui qui se substituera en temps utile à la mère défaillante, en nourrissant le microscopique embryon grâce à ses filaments servant de suçoirs et de tétines... Car si les fleurs d'Orchidées sont de puissantes séductrices, elles sont de bien mauvaises mères et n'ont cure de l'avenir de leur innombrable progéniture.

De la nature à la société, dira-t-on, tout est en tout et inversement ! Le miracle, en vérité, est que nous ayons réussi, au sein de notre seule espèce, à reproduire, simultanément ou successivement, l'incroyable diversité des « comportements » observés parmi les innombrables espèces végétales qui peuplent la terre. Comme si les humains reproduisaient, sans en être conscients, des mœurs et des manières d'agir que la nature avait inventées bien avant eux. L'homme ne serait-il pas aussi une efflorescence des fleurs ?

Le respect des minoritaires

Pollinisation par le vent ou pollinisation par les insectes : quelle agence de voyages choisir pour le transport du pollen ? En fait, la plante ne choisit pas, ce sont ses ancêtres qui ont choisi pour elle. Elle se contente d'exécuter le programme qui lui a été légué par son hérédité. Certes, la pollinisation par le vent, où le pollen est disséminé au petit bonheur, sans objectif précis, paraît moins efficace et moins sûre que la pollinisation par les insectes qui, eux, butinent d'une fleur à l'autre. Aussi a-t-on tendance à la considérer comme plus primitive ; de fait, c'est par ce mode de transport que le pollen des toutes premières plantes terrestres fut disséminé : à l'ère secondaire, et aujourd'hui encore, les riches populations de conifères ne procédaient pas autrement.

Il existe toutefois de curieuses exceptions. Les arbres de nos forêts — le hêtre, le chêne, le charme, l'aulne, le peuplier, le bouleau — sont tous pollinisés par le vent. Leurs chatons pendants et grêles, dépourvus de couleurs attractives puisqu'ils n'ont point d'insectes à séduire, grelottent à la moindre brise et dispersent de vastes nuages de pollen tous azimuts. Les saules, en revanche, forment des chatons dressés dont les belles étamines jaune vif sont très attractives et toujours entourées d'une généreuse cour d'abeilles ou de bourdons. L'axe de ces chatons est vertical et rigide, de sorte qu'ils n'offrent aucune prise au vent : mais leur belle couleur jaune et la présence d'un nectar abondant attirent fortement les abeilles au tout début du printemps. Voilà donc un chaton reconverti dans l'art d'attirer les insectes, alors qu'il appartient à un groupe de plantes qui toutes sont systématiquement pollinisées par le vent.

On trouve l'exemple inverse dans certaines familles dont toutes les espèces sont pollinisées par les insectes et où quelques minoritaires font dissidence et se reconvertissent dans la pollinisation par le vent. Dans la famille des Rosacées qui nous vaut les roses et les arbres fruitiers, spectaculairement prédestinés à la visite des insectes séduits par leurs fleurs superbes, la petite pimprenelle est, comme l'écrit mon ami Jean-Pierre Cuny, « la honte de sa famille, celle des Rosacées où depuis toujours on se fait dignement polliniser par les insectes ». Il n'est que de constater l'effort de séduction que la famille ne cesse de déployer de génération en génération à leur égard : pétales somptueux des roses ou des prunus, splendeur de nos arbres fruitiers multipliant à l'infini leurs superbes fleurs blanches ou roses, etc. Toute proche de la petite pimprenelle, la grande pimprenelle est restée fidèle à la tradition familiale. Seule sa petite sœur s'en est écartée, et elle a pris toutes mesures adéquates pour ce faire : les filets de ses étamines, très fins et très longs, pendent longuement hors de ses fleurs et frissonnent au moindre souffle. On croirait pour un peu qu'elle s'est laissée pousser les cheveux à la manière d'une hippie, style totalement étranger aux Rosacées dont les étamines dressées et raides ont presque l'air d'être coiffées en brosse — regardez donc celles d'un cerisier ou d'un prunier ! Elle méprise de même la somptueuse parure de ses consœurs et abandonne purement et simplement sa corolle, et sa production de nectar, visiblement indifférente à tout ce qui pourrait contribuer à séduire un insecte. Au négligé capillaire s'ajoute donc un désolant négligé vestimentaire fort peu de mise dans l'aristocratique famille des Rosacées. Imaginez une rose sans pétales : juste bonne pour le compost (car les botanistes ne mettent jamais de plantes à la poubelle) ! Mais notre petite pimprenelle ne ménage aucun effort pour que le transport de son pollen par le vent soit efficace ; aussi la voit-on doter ses fleurs femelles d'un joli plumeau, antenne captatrice en forme d'attrape-poussière de pollen, ce qui représente un progrès technique remarquable et innovant chez une famille où nul n'a jamais eu le moindre souci d'être « dans le vent ».

Ainsi, chacun à sa manière, le saule et la petite pimprenelle sont au sein de leur famille des minoritaires, refusant d'adopter les mœurs des autres membres du groupe. De tels minoritaires existent aussi parmi d'autres familles. Le pigamon des Renonculacées choisit le vent, à la différence de tous ses congénères ; le frêne élevé choisit l'insecte, à la différence des autres frênes ; et l'armoise abandonne tous les attributs de la séduction de sa famille, celle de la marguerite, pour choisir elle aussi le vent en rendant ses fleurs misérables et pratiquement invisibles, à la surprise consternée de ses consœurs.

Mais la nature est tolérante et respecte ses minoritaires ; mieux, elle va même jusqu'à cultiver l'ambiguïté. Ainsi voit-on certaines familles comme celle de la rhubarbe se répartir en parts égales les fleurs à vent et les fleurs à insecte : tandis que le sarrasin et les renouées sont pollinisées par les insectes, les oseilles, bien que très voisines, préfèrent le vent, et l'on voit même la petite oseille battre tous les records de production de pollen avec une inflorescence minuscule capable de fournir quatre cents millions de grains : reconversion spectaculaire et réussie, on en conviendra !

Mais comment expliquer ces bizarreries de l'évolution, ces brusques hiatus, çà et là, où une espèce se singularise par rapport à toutes ses compagnes et adopte un mode de vie qui appartient à des groupes avec lesquels elle n'a pourtant aucune affinité ? Il est difficile d'expliquer ce mystère, pas plus qu'on n'expliquera jamais la singularité de telle ou telle personnalité. Tout au plus admirera-t-on l' « esprit de tolérance » dont la nature fait preuve à l'égard de ses propres créatures, et qui serait bienvenu d'inspirer nos propres comportements, souvent singulièrement sectaires. En revanche, il est plus aisé de concevoir les mécanismes globaux qui ont conduit les espèces à s'adapter tantôt au vent, tantôt aux insectes.

Les espèces à vent sont d'abord apparues dans l'histoire végétale : les premières civilisations de plantes à graines étaient toutes constituées de plantes pollinisées par le vent. Puis naquirent sous les tropiques les plantes à fleurs adaptées aux insectes et aux oiseaux. Au fur et à mesure que ces plantes remontaient vers les pôles, ce qui se fit lentement, elles durent affronter des conditions climatiques de moins en moins favorables. Aussi furent-elles contraintes de fleurir tard, pour éviter les gels printaniers, et de mûrir tôt leurs fruits, pour éviter les gels automnaux. Leur durée moyenne de vie se restreignait, se « pinçait » toujours davantage. Or il dut se trouver que les insectes n'étaient point au rendez-vous du printemps : point encore éclos, ou simplement point encore arrivés sous de telles latitudes, alors même que la pollinisation pressait. Le vent, en revanche, est toujours présent et actif ; il y avait donc, pour ces plantes, intérêt à abandonner l'insecte et à passer au plus vite un « contrat de transport » avec le vent pour éviter les aléas dus au retard des insectes. Ainsi vit-on des fleurs à insectes se transformer au cours des millénaires en fleurs à vent ; et c'est ainsi que naquirent sans doute la plupart des arbres de nos forêts. Ils récupérèrent du coup le comportement sexuel des conifères, leurs lointains ancêtres, et la vie boucla ainsi un de ces cycles — ce dont elle est coutumière — en revenant en apparence au point de départ ; en apparence seulement.

Car l'une des caractéristiques fondamentales de la vie est que l'évolution individuelle ou collective ne s'effectue jamais en ligne droite, mais toujours en spirale ; d'où cette impression que nous avons de faire du sur-place, de nous retrouver perpétuellement devant les mêmes problèmes, sans nous rendre compte que nous ne les voyons pas forcément de la même altitude, un peu comme sur une route de montagne qui grimpe en lacets. Plus l'altitude augmente, plus nous voyons les choses de haut, même si le spectacle reste fondamentalement le même : celui de notre monde intérieur, inchangé depuis notre enfance et jusqu'à notre terme.

Cette histoire des fleurs à vent et des fleurs à insectes nous enseigne une seconde loi de la nature : celle de la miniaturisation. On est en effet passé des grandes fleurs des tropiques à superbes pétales colorés destinés aux oiseaux ou aux insectes, type Hibiscus ou Strelitzia, à des fleurs minuscules dépouillées de tous leurs ornements et exclusivement adaptées à la pollinisation par le vent, type graminées des pelouses ou arbres à chatons. Autre loi de la vie qui se refuse au gigantisme et tend à miniaturiser sans cesse. Elle illustre parfaitement la sensibilité écologique qu'exprimait, voici quelques années, l'écologiste anglais Schumacker dans son célèbre « *Small is beautiful* » : ce qui est petit est beau.

Il arrive que les hommes bafouent cette loi lorsqu'ils élaborent des tours monstrueuses ou des œuvres architecturales gigantesques. Alors c'est Babel, et la confusion qui s'ensuit. Il arrive au contraire qu'ils la respectent lorsqu'ils miniaturisent toujours davantage leurs engins informatiques, leurs microprocessus ou leurs micro-puces... Car la nature n'est pas tendre pour le gigantisme, comme on l'a vu hier pour les Dinosaures, et comme on le voit aujourd'hui pour les Mammifères les plus gros : hippopotames, rhinocéros ou éléphants qui en sont les victimes désignées, probablement dès à présent condamnées...

L'Amiral, le mérule et la marine anglaise

Faut-il reprendre ici l'étonnante mais toujours amusante histoire du bourdon et de la marine anglaise, déjà évoquée dans nos ouvrages antérieurs ? Ce grand classique de l'amour chez les fleurs est une des pièces maîtresses du répertoire, que l'on hésiterait à rejouer une fois encore si elle n'avait récemment, avec la complicité de notre ami Jean-Pierre Cuny, été agrémentée de quelques rebondissements à caractère dramatiquement historico-cryptogamiques.

Le premier épisode est bien connu, contentons-nous de le relater sans commentaires superfétatoires, car le récit se suffit à lui-même.

Le trèfle, comme chacun sait — à moins qu'on ne l'ignore — est activement pollinisé par les bourdons. Ses fleurs hermétiquement closes cachent en effet leurs organes reproducteurs, étamines et pistils, dans ce que les botanistes appellent une carène, formée de deux pétales soudés en forme précisément de carène de navire. Cette comparaison maritime aura, on le verra dans un instant, de riches retombées pour la suite de notre histoire. Seuls des insectes robustes ont la force requise pour s'introduire dans ladite carène afin de s'enduire du précieux pollen que cachent les étamines. Les bourdons, ces poids lourds du monde des insectes, excellent en cet art. Ils effleurent le trèfle, forcent l'entrée de la fleur qu'ils attaquent à la hussarde, et la laissent tristement béante et complètement défaite après une visite qui s'apparente davantage à celle

d'un éléphant dans un magasin de porcelaine qu'à la défé-
rente révérence que font par exemple aux fleurs abeilles
ou papillons. Toujours est-il que, béante ou pas, la
carène, une fois ouverte, a livré son pollen, ce qui fait du
bourdon le spécialiste incontesté de la pollinisation du trèfle, même s'il procède, par sa brutalité, à un véritable
viol : le Viol du Bourdon, eût sans doute dit Borodine...

A tel point que l'introduction du bourdon en Nouvelle-
Zélande à la fin du siècle dernier s'est traduite par une
hausse spectaculaire de la récolte de trèfle. Grâce à quoi,
aujourd'hui, les Néo-Zélandais, envoyant de la viande de
bœuf à l'Angleterre à un prix compétitif, perturbent le
fonctionnement délicat de l'Europe agricole, déjà si labo-
rieuse à faire fonctionner à coups de longues nuits de
négociations à Bruxelles, toutes pendules arrêtées ! Mais
restons en Angleterre.

Darwin écrit :

> « Le bourdon visite seul le trèfle rouge, parce que les autres
> abeilles ne peuvent pas en atteindre le nectar ; nous pouvons
> donc considérer comme très probable que, si le genre bourdon
> venait à disparaître ou devenait rare en Angleterre, le trèfle
> rouge deviendrait aussi rare ou disparaîtrait complètement. Or
> le nombre des bourdons dépend, dans une grande mesure, du
> nombre des mulots, qui détruisent leurs nids et leurs rayons de
> miel. Or, le colonel Newmann, qui a longtemps étudié les habi-
> tudes du bourdon, croit que plus des deux tiers de ces insectes
> sont détruits chaque année en Angleterre par les mulots.
>
> D'autre part — c'est toujours Darwin qui parle —, chacun
> sait que le nombre des mulots dépend essentiellement de celui
> des chats. Et le colonel Newmann ajoute : j'ai remarqué que les
> nids de bourdons sont plus abondants près des villages et des
> petites villes, ce que j'attribue au grand nombre de chats qui
> détruisent les mulots. Il est donc parfaitement possible que la
> présence d'un animal félin dans une localité puisse déterminer,
> dans cette localité, l'abondance de certaines plantes en raison de
> l'intervention des souris et des bourdons... »

Voilà ce qu'écrit Darwin... Ce à quoi l'Allemand
Haeckel, père de l'écologie — qui, étymologiquement, ne
signifie point « science de M. Haeckel », mais science de

la maison, cette maison étant notre planète Terre — a ajouté :

> « Mais le trèfle, abondant grâce aux chats, sert de nourriture principale au bétail. Et les marins mangent surtout de la viande de bœuf. Donc, les chats contribuent à faire de l'Angleterre une grande puissance maritime... »

Après quoi Thomas Huxley alla plus loin en suggérant que les vieilles filles anglaises, en raison de leur amour immodéré pour les chats, sont à l'origine de la puissance de la marine britannique.

Enfin, le Français Fischesser, poussant la pointe humoristique à son terme, estime que la puissance maritime de la Grande-Bretagne, en privant les épouses de leurs maris et en vouant beaucoup d'hommes au célibat, a une évidente incidence sur le nombre de vieilles dames anglaises amoureuses de leurs chats !

La boucle est refermée et chacun d'entrevoir la complexité des relations qui unissent dans des chaînes de solidarité ô combien subtiles tous les êtres vivants.

Mais si la Grande-Bretagne dut à cet impressionnant réseau de complicités le prestige de sa flotte, elle dut en revanche affronter sur ce même terrain un ennemi d'autant plus redoutable qu'il ne se montrait guère à visage découvert, un véritable « crypto » — cryptogame, s'entend —, le mérule.

Le mérule pleureur fut de tout temps l'ennemi héréditaire de la marine en bois. Ce champignon informe, sans chapeau ni filament, attaque sournoisement, en y propageant sa masse visqueuse, les bois humides qu'il colonise avec prédilection. Il s'étale sans cesse, progresse sans relâche et mine les constructions les plus solides jusqu'à les faire s'effondrer. Plus le mérule végète, plus il pleure. Se lamenterait-il sur son sort, lui que la nature condamne à ne prospérer que sur des bois humides, dans l'obscurité, en atmosphère confinée ? Sans doute doit-il à cette humidité ambiante, toujours élevée là où il vit, de transpirer à grosses gouttelettes, ce qui lui a valu son nom de pleureur.

La flotte de l'Amiral Nelson, la plus puissante du monde en ce XIXᵉ siècle commençant, avait certes de quoi lui plaire : construite à la hâte et avec des bois que l'on n'avait pas pris soin de faire sécher, elle était une victime toute désignée à l'insatiable appétit du mérule. Le mérule s'attaqua avec une prédilection particulière au vaisseau amiral, le *Victory*, le navire de Nelson : 120 canons, 45 mètres de quille, une coque en chêne à double revêtement. Cette attaque n'empêcha certes pas la marine britannique d'infliger à l'alliance franco-espagnole le spectaculaire désastre que l'on sait : Trafalgar fut bien pour nous un véritable Trafalgar, de sorte que l'une des places les plus renommées du monde, Trafalgar's square, se trouve à Londres et non à Paris. (Pas plus que l'on ne trouverait chez nous de place Waterloo. Chaque pays prend grand soin d'oublier pieusement ses désastres historiques, nombreux quand il est vieux, et dont l'évocation ne figure sur aucun monument, aucune plaque de place ou de rue : existe-t-il une Place Jeanne d'Arc à Londres ou une Place Napoléon à Moscou ?)

Mais le mérule, puisque c'est de lui qu'il s'agit, fut un ennemi farouche. Toute la flotte de Nelson était en proie à ses attaques dévastatrices, ce qui mettait l'Amiral hors de lui — avant d'être définitivement mis hors jeu, à Trafalgar précisément, où il laissa la vie en remportant sa dernière victoire (non sans avoir, quelques années plus tôt, laissé déjà un bras, emporté par un boulet, au large de Ténériffe, aux Canaries).

L'Amiral disparu, le mérule s'acharna sur son bateau : le *Victory*, ramené à Portsmouth comme le symbole d'une des grandes gloires de l'Empire, se disloquait pitoyablement sous ses assauts répétés. Il fallut près d'un siècle aux Britanniques pour finir par décourager les attaques de ce champignon obstiné grâce à l'emploi de produits chimiques idoines (contemporains de l'avènement de la marine en fer...).

Le conflit de l'Amiral et du mérule fut un combat de titans : d'un côté un vrai dur, Nelson et son flegme britannique ; de l'autre un faux mou, le mérule, avec son air larmoyant.

Ainsi ce que les vaches, le trèfle, le bourdon, les chats et les vieilles dames anglaises édifiaient d'un côté, se trouvait compromis de l'autre par l'action sournoise et obstinée d'un champignon particulièrement hypocrite et cryptique. D'un côté une face diurne, un bourdon qui butine au soleil dans les riches pâturages d'outre-Manche ; de l'autre une face nocturne, un affreux champignon gluant, tapi au fond des soutes. L'un construit, l'autre détruit : image éternelle de la vie qui fait et défait pour refaire encore, encore et encore, car elle seule est éternelle !

Fétichisme chez les Orchidées

Les Orchidées sont les spécialistes toutes catégories de la fécondation par les insectes. Elles ont même inventé le fétichisme bien avant nous : en déguisant habilement un de leurs pétales, le labelle, en faux insecte, elles procurent aux vrais qui les visitent des émotions et des pulsions auxquelles les malheureux se révèlent bien incapables de résister. Ils se précipitent donc sur ces fleurs sensuelles et leur arrachent leur pollen qu'ils s'empressent de véhiculer vers d'autres fleurs non moins séduisantes. La pollinisation est ainsi assurée avec une rare efficacité. Quitte à paraître encore me répéter, le lecteur me pardonnera de lui resservir le plat succulent du fétichisme, déjà présenté ailleurs, mais sans lequel un traité de l'amour chez les fleurs serait comme un repas sans sel ou des vacances sans soleil !

La ressemblance des labelles transformés avec les insectes correspondants avait profondément frappé Darwin, qui avait beaucoup médité sur le sens d'une pareille métamorphose, sans toutefois trouver la clef de l'énigme. A quoi pouvait donc servir une telle transformation ? se demandait-il. La réponse vint beaucoup plus tard d'un botaniste amateur, magistrat à Alger, le Français Pouyanne, qui décrivit pour la première fois, en 1916, la fécondation d'un Ophrys mimétique par une guêpe ressemblant à son labelle. Il avait observé que seules les guêpes mâles étaient attirées par ces fleurs, et aussi que les mouvements de l'insecte sur la fleur mimaient parfaitement ceux de l'accouplement de l'insecte avec sa femelle. Il en déduisit que ce mime n'était rien d'autre qu'un piège destiné à attirer un mâle en lui faisant miroiter l'attrait d'une femelle qui, en réalité, n'en était pas une.

Ces explications n'eurent pas l'heur de plaire aux botanistes de l'époque. Pouyanne n'était d'ailleurs qu'un amateur et les botanistes sont des savants comme les autres : ils détestent que des amateurs viennent piétiner leurs plates-bandes... Comme c'était de surcroît l'époque de la Grande Guerre, il paraissait pour le moins malvenu de parler d'amour chez les fleurs alors que le canon tonnait à Verdun. Aussi Pouyanne fut-il vivement critiqué : on lui reprocha, comme à Linné deux siècles auparavant, de n'être qu'un vieux vicieux. Et pourtant Pouyanne avait consacré vingt ans de sa vie à observer les orchidées avant de se risquer à publier ses conclusions !

On avait bien entendu déjà tenté d'expliquer l'étrangeté de ces labelles mimant si parfaitement l'insecte et qualifiés pour cela de mimétiques. Parmi les hypothèses retenues, la plus en vogue à l'époque consistait à croire que ce mime était destiné à protéger la fleur de la dent des herbivores brouteurs : quel animal se risquerait à avaler une guêpe ou une abeille, fût-elle un mime parfaitement imité ? Le botaniste viennois Francé émit une autre hypothèse : selon lui, cet étonnant mime d'insecte devait exercer un effet dissuasif sur les autres insectes qui, croyant la fleur occupée, ne se risquaient pas à la visiter pour, le cas échéant, lui porter tort ou la dévaster. Nul, par contre, n'avait imaginé que cette occupation simulée était de nature à susciter l'intérêt amoureux des insectes mâles de l'espèce imitée. Il fallut attendre de nombreuses décennies pour que le Suédois Külenberg confirme en tout point les observations de Pouyanne.

Le pseudo-insecte est une réplique parfaite d'une femelle de l'espèce simulée ; les poils sont disposés sur son dos de façon analogue, permettant une reconnaissance tactile par le mâle ; la chimie du labelle est la même que la chimie de la femelle : il y a donc appel du mâle par l'odeur, selon les processus d'attraction sexuelle en usage chez les insectes. Bref, la ressemblance étant de surcroît évidente, le mime est à la fois visuel, tactile et odorant. Plus étrange encore, il continue de fonctionner lorsqu'on s'amuse à découper le labelle, faisant ainsi disparaître les ressemblances tactiles et visuelles : persiste alors l'odeur qui, à elle seule, attire le mâle visiteur. Bref, plus on expérimente, plus le mystère s'épaissit !

L'effort déployé par la fleur pour fabriquer un insecte femelle ne semble servir finalement qu'à faire produire à cette pseudo-femelle des substances chimiques identiques à celles que secrètent les vraies femelles pour attirer leur mâle. De fait, les mâles s'affairent sur ce labelle, tentant de s'accoupler avec lui, mais sans succès ; car le mime n'est pas parfait : il lui manque l'essentiel — l'orifice sexuel qu'est censée avoir toute femelle. L'orchidée montre bien ici son égocentrisme foncier : elle entend séduire, mais non point satisfaire ! Ainsi frustré, le mâle poursuit sa route de labelle en labelle, prenant le pollen ici et le portant là, dans une perpétuelle quête amoureuse, comblant parfaitement les désirs de la fleur puisqu'il en assure la fécondation, mais restant quant à lui perpétuellement insatisfait. Heureuse frustration pour la fleur en vérité, car un mâle satisfait risquerait d'être moins demandeur et le nombre des visites sur les labelles mimétiques risquerait de décroître. L'orchidée aurait alors à subir le préjudice de cette molle torpeur qui suit généralement le plein accomplissement des ébats amoureux.

En fait, elle va tirer parti, avec une rare habileté, de l'incapacité congénitale d'apprendre qui caractérise les insectes ; en l'occurrence, d'apprendre que dans cette affaire, ils seront toujours les « pigeons » ! D'autres partenaires plus intelligents auraient sans doute tiré de longue date les conséquences de cette manipulation et cessé toute relation avec ces fleurs égoïstes, les condamnant à mort par stérilité. Mais les insectes sont programmés comme des ordinateurs ; leur marge de manœuvre — quoique réelle, car ce sont des êtres vivants — reste très limitée, de sorte qu'ils se doivent d'appliquer leur programme quasiment à la lettre. Bien plus, les chronologies de la nature favorisent aussi l'orchidée au détriment de l'insecte : car les insectes mâles éclosent bien avant les femelles, comme on le voit chez l'Ophrys-abeille, par exemple. Condamnés au célibat, il ne leur reste plus que cette pratique masturbatoire stimulée par le phantasme que leur offre l'orchidée, puisqu'ils n'ont aucun partenaire femelle disponible. Seuls les mâles survivant en fin de saison se consoleront de leur frustration juvénile en fécondant leurs vraies femelles quand elles seront écloses. Vraies copulations qui ne nuiront pas pour autant aux orchidées, puisque cette fécondation réelle entre ses pollinisateurs assure à la fois la pérennité de ceux-ci et, du coup, sa propre pérennité. Car si l'insecte qui la pollinise venait à disparaître, l'orchidée prendrait rapidement le même chemin. Bref, l'on peut imaginer que l'orchidée se réjouisse de ces amours de fin de saison qui lui assurent la partie belle l'année suivante...

Mais ces décalages chronologiques ne se produisent pas nécessairement au seul détriment de l'insecte, le condamnant à ne visiter que des fleurs. Ils peuvent se faire aussi au détriment de la fleur qui doit alors attendre longtemps que les insectes éclosent et viennent la visiter. Les orchidées se trouvent alors confrontées à un problème précis : comment conserver le plus longtemps possible leur pouvoir de séduction ? Question qu'en vérité elles ne sont pas les seules dans l'Univers à se poser ! On les voit alors mettre en œuvre toutes les techniques classiques du maquillage : elles s'enduisent d'un fard épais qui leur permet de traverser le temps et d'affronter le mauvais temps sans dommage, et qui leur confère cette rigidité et cette résistance particulières qui donnent souvent à ces fleurs une consistance vaguement cartilagineuse, à la limite de l'animal et du végétal. Ainsi protégée, la fleur d'orchidée attend et ne fane pas.

Pour autant, il n'est pas encore certain que la pollinisation puisse avoir lieu. Car les visites d'insectes restent aléatoires et, dans le plus fâcheux des cas, l'orchidée est vouée au veuvage et à la stérilité. L'une d'elles, un Ophrys, a su triompher de ce péril en assurant sa fécondation par ses propres moyens : ses masses de pollen s'amollissent lentement, puis s'affaissent et tombent spontanément sur la partie femelle gluante de la fleur, à laquelle elles restent collées. Ce processus d'autofécondation est rare chez les orchidées ; on peut le considérer comme l'ultime solution mise en œuvre pour rompre un veuvage imposé. Cas exceptionnel, car chez la quasi-totalité de ces fleurs, un obstacle mécanique empêche le contact direct entre le pollen et la partie femelle réceptive. Seule l'Ophrys-abeille parvient à sauter cet obstacle et à assurer seule sa pollinisation. Étrangement, c'est la détumescence de l'étamine qui produit la fécondation, alors que son érection naturelle le maintient en état d'impuissance ; car, normalement, les masses polliniques sont dressées au-dessus de la partie réceptive femelle qu'elles ne peuvent atteindre qu'en s'affaissant : nouvelle facétie de ce « monde vert » dont nous disions qu'il fait souvent les choses à l'envers...

Guettées par ce danger de stérilité et de veuvage où l'autofécondation apparaît comme une solution du désespoir, les orchidées mimétiques mettent en œuvre les ruses les plus habiles pour s'assurer à tout prix la visite d'un insecte. Certaines orchidées australiennes offrent même aux petites guêpes qui les visitent une possibilité réelle d'accouplement en pourvoyant leur labelle mimétique d'un orifice copulateur. On voit alors l'insecte répandre ses spermatozoïdes et s'engager dans une réelle relation amoureuse avec la fleur, au point qu'il en vient à délaisser ses propres femelles : le piège atteint ici à sa perfection ! Étrange aussi cette orchidée d'Amérique centrale qui attire les mâles d'une espèce d'abeilles en modifiant plusieurs de ses pétales, ce qui produit plusieurs mimes, mais d'une qualité moins parfaite que dans les cas précédents. L'odeur et le toucher déterminent cependant l'attraction sexuelle bien plus efficacement que la ressemblance visuelle, qui ne semble guère jouer de rôle. On voit alors plusieurs insectes s'accoupler en même temps à la fleur : curieuse démonstration d'amour de groupe ! Plusieurs partenaires ici s'affairent sur un même objet — auquel il convient de donner le sens que le XVIIIe siècle accordait à ce mot — sans avoir par ailleurs aucune espèce de lien entre eux.

En observant le comportement des orchidées mimétiques, il arrive que des spectacles troublants s'offrent à la vue de l'observateur ; par exemple, qu'un second mâle atterrisse sur un mâle déjà présent sur un labelle. Homosexualité ? Non point, plutôt erreur d'appréciation du second insecte, attiré par l'odeur de femelle du labelle et faisant alors une double confusion. Car dès qu'il s'aperçoit de son erreur, il quitte le dos du mâle qu'il s'apprêtait à chevaucher. En fait, il ne semble guère y avoir d'homosexualité chez les insectes, dont les programmes génétiques sont fixes et rigoureux ; il n'en est pas de même chez les oiseaux ou les animaux supérieurs dont les comportements et les empreintes acquises dès l'enfance jouent un rôle primordial dans l'orientation sexuelle.

Et chez les fleurs, dira-t-on, l'homosexualité existe-t-elle ? On a cru la découvrir chez des orchidées de l'Équateur, les Oncidium, dont les longues grappes de délicates fleurs jaunes induisent une très forte attraction chez les abeilles du genre Centris. L'on voit en effet les mâles de celles-ci se précipiter sur les Oncidium qui les miment étrangement. Mais, en observant finement ces comportements, l'on constate qu'aucune tentative de copulation ne se produit ; il semble bien plutôt que ces mâles croient percevoir dans la fleur un rival de leur sexe,

qu'ils tentent, par ce vol en piqué, d'éliminer de leur territoire ; les attaques sont précises, brutales et rapides. De
toute évidence, il s'agit non point d'un désir amoureux,
d'une pseudo-copulation, comme dans les cas précédents,
mais bien plutôt d'une lutte pour le territoire, sorte de
« combat de chefs » entre un insecte et une fleur.

Dans le seul genre Ophrys, on a pu dénombrer vingt et
une espèces présentant ces phénomènes étranges de
mimétisme. Mais ces mêmes transformations des labelles
se manifestent également chez beaucoup d'autres orchidées, et parfois avec une ressemblance si parfaite qu'une
seule espèce de fleurs ne peut être fécondée que par une
seule espèce d'insectes : exemple de dépendance rigoureuse, parfaitement efficace, mais aussi parfaitement dangereuse puisqu'il suffit que l'espèce d'insectes vienne à
disparaître pour que les orchidées suivent le même chemin : cas très rare où la nature inconsciente et imprudente met tous « ses œufs dans le même panier » et
inféode strictement deux espèces l'une à l'autre. Les
orchidées-marteaux illustraient parfaitement ce rare cas
de figure.

Quoi qu'il en soit, les phénomènes de mimétisme sont
les équivalents dans la nature du fétichisme, cette déviation de l'attrait sexuel vers des objets autres que le partenaire naturel.

Ce processus d' « insectisation » de la fleur reste un
profond mystère. Si l'on voit parfaitement son efficacité,
on comprend très difficilement comment la nature a pu
réussir ce genre de transformation. Qui eût songé qu'une
plante soit capable de concevoir et réaliser l'équivalent des
poupées de sex-shop des dizaines de millions d'années
avant l'arrivée de l'homme sur la terre ? Bref, il ne manque à ces fleurs, incroyablement habiles à la séduction,
que le mouvement ou le clin d'œil pour que la panoplie
des attributs du séducteur soit complète. Or les labelles
d'une orchidée tropicale, les Bulbophyllum, sont revêtus
de poils qui ne cessent d'onduler et font en quelque sorte
des battements de cils aux insectes, auxquels ceux-ci suc-

combent derechef. Bref, l'orchidée n'a ménagé aucun des attributs traditionnels de la séduction : affiches et couleurs publicitaires voyantes, maquillage approprié sur fond de teint destiné à « entretenir la façade » et à donner le change le plus longtemps possible, choix illimité dans la gamme des parfums, les uns discrets, les autres agressifs, envoûtants ou entêtants. Et s'il faut se travestir, l'orchidée ira jusque-là — ce qu'elle fait lorsqu'elle se déguise en pseudo-insecte.

Bref, des millions d'années avant l'émergence de l'homme, l'orchidée savait déjà le rôle du maquillage et de la parure dans les stratégies immémoriales de la séduction. Que d'efforts, dira-t-on, pour attirer la semence mâle sur les organes femelles de la fleur ! Et pourtant, ce sont bien ceux déployés par les orchidées dont toutes les stratégies n'ont point d'autre but.

Bien plus qu'une prostituée, bien plus qu'une femme fatale, l'orchidée est néanmoins avant tout une mère. Dès la fécondation réussie, le déploiement évoqué cesse aussitôt : tous ces attributs sont immédiatement remisés au magasin des accessoires. L'effort de la plante s'oriente alors tout entier vers l'élevage des petits, et la fleur a achevé sa mission : elle fane et disparaît.

Travestissement et fétichisme, comment et pourquoi ?

Dans tous les cas de figure, et surtout chez les Orchidées mimétiques, les fleurs semblent toujours avoir le dessus, manipulant les insectes à leur guise. Or les insectes, appartenant au règne animal, sont évidemment beaucoup plus évolués que les fleurs. Pourquoi se laissent-ils ainsi piéger par les ruses que celles-ci déploient dans le seul but d'assurer, par leur intermédiaire, le transport du pollen ? Pourquoi ce qui est plus intelligent se fait-il avoir par ce qui l'est moins — ou plutôt par ce qui *semble* l'être moins ? Et pas seulement dans la nature...

On ne peut qu'admirer la débauche d'artifices mis en œuvre par les fleurs dont les plus habiles, comme les Orchidées, précisément, vont jusqu'à se déguiser en faux insectes. L'inverse n'est guère concevable. Certes, il y a bien l'étrange histoire de l'insecte-fleur, dont parle Colin Wilson :

> « Ardrey était en compagnie de l'anthropologue L.B.S. Leakey, contemplant une fleur couleur corail aplatie sur une petite branche. Leakey toucha la ramille et la fleur se transforma en une nuée de minuscules insectes. Quelques minutes plus tard, les bestioles se réinstallèrent sur la branche, pressées les unes contre les autres et reformant la fleur couleur corail, une fleur qui n'existe pas dans la nature. Certains de ces insectes étaient verts, d'autres moitié verts, moitié roses, d'autres encore rouge vif. Et ils s'assemblaient de telle façon qu'ils formaient comme une branche fleurie[1]. »

Ici donc, une population d'insectes colorés simulerait, par leur regroupement en formation dense, une fleur. Il nous manque d'autres témoignages à ce sujet, que nous abordons donc sous toutes réserves. Car il ne saurait s'agir que d'un cas très particulier. L'auteur nous dit ce qu'il a vu et comment il a vu. Laissons-lui la responsabilité de ses propos...

Si les insectes ne savent pas — ou ne veulent pas — se transformer en fleur, c'est tout simplement qu'ils n'en ont pas besoin. Quels avantages tireraient-ils d'un tel travestissement ? Les fleurs alentour ne s'émouvraient guère de l'irruption inopinée de ces pseudo-consœurs, puisqu'on sait que les fleurs n'organisent jamais aucun contact entre elles. Elles le snoberaient donc et se garderaient bien de foncer sur lui pour lui apporter leur pollen. Quant aux insectes, ils ne verraient guère que quelques fleurs de plus dans le paysage, confondant leurs frères travestis avec des fleurs authentiques.

Certes, un insecte déguisé en fleur attirerait sans doute d'autres insectes, comme le font les vraies fleurs. Pour l'insecte ainsi abusé, juste la mauvaise surprise d'une

---

1. *In* Colin Wilson, *Histoire de la magie,* Albin Michel, 1973.

visite pour rien : mais cela fait partie de la vie quotidienne des butineurs ! Ce ne serait sans doute pas la première fois qu'il serait « privé de nectar »... Les insectes resteraient bien sûr beaucoup plus attirés par leurs propres femelles, à moins que le mime, déguisé en fleur, ne travestisse, au second degré, l'un de ses pseudopétales en insectes, comme le font les Orphrys. Cet insecte du deuxième type reste encore à inventer : ce serait un insecte déguisé en fleur dont un pétale se travestirait... en insecte ! Il n'appartient pour l'instant, on s'en doute, qu'à une entomologie de science-fiction...

On pourrait imaginer encore que, dans une espèce donnée, toutes les femelles se mettent à mimer des fleurs. Alors les mâles n'auraient plus d'autre choix que de visiter ces pseudofleurs pour assurer la perpétuation de l'espèce : autre hypothèse de science-fiction. Mais tout cela est décidément bien compliqué ! Lorsqu'on ne sait plus qui se déguise en qui, et pourquoi, mieux vaut interrompre ce carnaval d'insectes et de fleurs. Restons-en là.

Si les insectes ne se transforment pas en fleurs, c'est qu'ils n'en tireraient aucun avantage. Les fleurs resteraient de marbre, et les insectes qui les visiteraient comprendraient promptement qu'ils n'ont rien à attendre de ces mimes stériles, pas même intéressés par le pollen qu'ils leur apporteraient.

Comme la nature, à l'instar de ce qu'enseignent les premiers théoriciens du libéralisme, ne fait rien pour rien, il convient que ses créatures agissent conformément à l'ordre ancestral : les insectes pollinisent les fleurs et les fleurs les en remercient poliment par quelques récompenses judicieusement accordées. Un point, c'est tout.

Ce qui ne signifie pas pour autant que tout soit simple !

La fleur est certes l'organe le plus perfectionné de la plante, le plus animal aussi par sa forme, ses couleurs, ses parfums. Mais, pour nous, elle reste un être mystérieux, silencieux et immobile, une créature du troisième type, en quelque sorte. Comment pourrions-nous comprendre son mode de fonctionnement alors que nous avons tant de mal à comprendre le nôtre ou celui de nos proches ? Le monde animal, malgré nos amis les chiens et chats, nous est encore plus étranger. Que dire alors du monde végétal ? Que pouvons-nous dire de la fleur, nous qui sommes incapables d'imaginer ce qui se passe dans le cerveau d'une abeille ou d'une tortue ? Somptueuse, séductrice, admirable, nous la contemplons sans qu'aucune communication *a priori* ne semble possible, sans qu'aucune analogie avec nous ne soit apparemment décelable.

Que vit-elle ? Comment vit-elle ? Que sent-elle ? On la voit certes exercer sa vie professionnelle, c'est-à-dire sa fonction de reproduction, avec zèle et constance. Et l'on voit bien l'insecte en faire autant ; l'un et l'autre font scrupuleusement leur travail. Mais leurs rapports sentimentaux, affectifs, quels sont-ils ? Qu'est-ce donc que ce baiser de l'insecte à la fleur ? Surtout à l'Orchidée qui lui ressemble à ce point ? Quels rapports affectifs la fleur entretient-elle avec nous, si tant est qu'ils existent ?

Nous glissons ici dans l'épineuse question de la sensibilité et de l'affectivité des plantes : sujet délicat mais passionnant, dans lequel nous risquons de nous noyer comme le font les insectes dans les pistils des nénuphars du Cap. Lorsque saint Paul annonça aux Grecs un dieu inconnu d'eux et, de surcroît, ressuscité des morts, ses interlocuteurs l'interrompirent en s'écriant : « Nous t'écouterons sur ce sujet une autre fois ! » De même prendrons-nous la sage précaution d'écrire sur ce thème également « une autre fois », lorsque la masse des documents recueillis, dûment vérifiés et triés, nous paraîtra avoir acquis le degré de maturité scientifique autorisant une prudente et sage vulgarisation...

Quittons donc ce thème évoqué sur la pointe des pieds et revenons à l'essentiel : la riche palette des dispositifs inventés pour assurer et réussir la pollinisation.

On admire chez les Orchidées la multiplicité et la diversité des choix de la nature, son imaginaire débridé, le foisonnement de ses idées et inventions, la priorité accordée au qualificatif sur le quantitatif. D'où il découle une leçon et une question :

La leçon, c'est la loi de la primauté donnée au qualificatif, qui illustre parfaitement les mécanismes de la pollinisation. En ce domaine, en effet, la nature n'a cessé d'inventer et de perfectionner, d'imaginer, de créer. Elle a travaillé en artiste ou en artisan, ne soumettant aux méthodes industrielles et au travail à la chaîne (comme font par exemple les abeilles) que des modèles au préalable parfaitement mis au point dans ses laboratoires. Bref, la nature marche comme la société, ou plus exactement la société — beaucoup plus récente — tendrait à fonctionner comme la nature, en s'inspirant de ses modèles. Telle fut l'idée sous-jacente à toutes les traditions et sagesses qui virent dans la nature une maîtresse de savoir et d'harmonie ; bienheureux qui sait lire dans son grand livre ouvert, décodant ses signes, interprétant ses présages, déjouant ses pièges, organisant ainsi sa vie dans la sécurité et la sérénité.

Quant à la question, elle est de savoir si la seule sélection naturelle, au sens où Darwin l'entendait, peut expliquer ce patient travail d'élaboration de formes et de systèmes hautement perfectionnés. Comment la fleur peut-elle transformer un pétale en un faux insecte ? Comment cet insolite travestissement s'opère-t-il au long des millénaires, pour aboutir à un mime si parfaitement au point ? On sait que, selon les tenants de la doctrine darwinienne de l'évolution, la vie sélectionne sans cesse les êtres les mieux adaptés et les plus performants au détriment des autres. On conçoit qu'une Orchidée possédant un labelle mimétique soit préférentiellement visitée, et accroisse ainsi ses chances de reproduction, donc de survie en tant qu'espèce. Mais la vraie question est de savoir comment un pétale ordinaire a bien pu se transformer de la sorte. Faut-il imaginer une multitude de petites mutations en série allant toutes et sans cesse dans le même sens et concourant à transformer le pétale ordinaire en mime d'insecte ? Les choses se passeraient un peu comme dans ces films de science-fiction où l'on peut voir un homme se transformer en un monstre, rajeunir de 50 ans ou vieillir d'autant, dans ces sortes de fondus-enchaînés dont le cinéma a le secret ? C'est là, en vérité, une hypothèse difficilement soutenable. Car l'on peut se demander pourquoi un insecte aurait été plus attiré, au départ du processus, par un labelle qui n'eût été qu'insecte à 1 % et végétal encore à 99 %. Et pourquoi toutes les mutations, par définition dues au hasard, iraient toujours dans le même sens : du labelle vers le pseudo-insecte. Et surtout pourquoi la fleur se serait évertuée à fabriquer ce faux insecte, si parfaitement imité, alors qu'il lui suffisait de fabriquer le parfum de cet insecte, qui est le véritable élément attractif du labelle modifié...

Bref, le faux insecte, le mime troublant, est une sorte de luxe gratuit, au sens propre du mot, qui paraît n'avoir ni sens ni utilité. Voilà donc Darwin au tapis, et ses disciples renvoyés à leurs chères études. Ce qui ne signifie pas que, pour l'essentiel, la théorie darwinienne ne soit pas satisfaisante. Mais voilà : si elle explique beaucoup, elle n'explique pas tout ! Ici, elle semble bien être prise en défaut. D'autres forces, encore inconnues, sont mobilisées dans les complexes procédures de l'évolution. Lesquelles ? L'avenir seul nous le dira peut-être.

Tout se passe comme s'il y avait une sorte d'intelligence dans la nature. Cette question se posait déjà au siècle dernier et Maeterlinck lui consacra un ouvrage intitulé *L'Intelligence des fleurs*[1], où il écrivait :

> « Il ne serait pas, j'imagine, très téméraire de soutenir qu'il n'y a pas d'êtres plus ou moins intelligents, mais une intelligence éparse, générale, une sorte de fluide universel qui pénètre diversement, selon qu'ils sont bons ou mauvais conducteurs de l'esprit, les organismes qu'il rencontre. L'homme serait jusqu'ici sur cette terre le mode de vie qui offrirait la moindre résistance à ce fluide que les religions appellent divin. Nos nerfs seraient les fils où se répandrait cette électricité plus subtile. Les circon-

1. Maurice Maeterlinck, *L'Intelligence des fleurs*, Fasquelle Éd., Paris, 1907.

volutions de notre cerveau formeraient en quelque sorte la bobine d'induction où se multiplierait la force du courant, mais ce courant ne serait pas d'une autre nature, ne proviendrait pas d'une autre source que celle qui passe dans la pierre, dans l'astre, dans la fleur ou l'animal. »

En fait, les rapports des insectes et des fleurs sont la plus grandiose des épopées de l'histoire de la vie : une sorte d'hymne à la Création, aux forces de l'intelligence et de l'esprit à l'œuvre au cœur même de la matière. Ce que Goethe appelait admirablement « la respiration de l'esprit ». Thème que nous pouvons sentir et ressentir, mais dont la science ne peut rien nous dire, parce qu'elle n'en sait rien : nous sommes là aux frontières de son domaine.

Les insectes au parfum

Le grand entomologiste autrichien von Frisch, récemment décédé à un âge avancé, nous a permis de mieux comprendre comment les abeilles choisissent leur terrain de pâture. Les parfums floraux jouent dans ce choix un rôle capital. En effet, une ouvrière marquée par le parfum d'une fleur qu'elle vient de découvrir va immédiatement communiquer à ses collègues les stations où cette plante a été repérée et où de bonnes récoltes s'avèrent possibles.

Cette communication se fait suivant un rituel très précis : la danse des abeilles, que von Frisch a parfaitement su décoder et dont chaque mouvement revêt une signification particulière. Cette danse est le véritable *langage* des abeilles.

La butineuse éclaireuse fait part de sa découverte aux ouvrières demeurées dans la ruche ; en raison de l'obscurité totale qui y règne, la communication se fait par ultrasons. Ainsi, si la trouvaille se situe à moins de dix mètres de la ruche, la butineuse danse en rond : elle décrit des cercles dont le diamètre est à peu près celui de l'abeille, tournant sur elle-même à droite puis à gauche plusieurs fois de suite, selon un code précis qui indique la direction de la fleur repérée. Mais si la découverte se trouve à plus de cinquante mètres, l'informatrice exécute une danse frétillante dessinant un « 8 » ; le rythme de la danse indique la distance à laquelle se trouve l'aliment : il est d'autant plus lent que la fleur repérée est plus éloignée de la ruche. Les congénères comptent alors le nombre d'évolutions de l'informatrice effectuées durant un temps donné, et en déduisent avec précision la distance du « gisement floral ».

Ce mécanisme de communication de l'information s'avère d'une parfaite précision jusqu'à deux kilomètres. Bien plus, l'informatrice forme ses « 8 » dans la direction où se trouve la fleur, l'angle que fait le chiffre « 8 » avec la verticale étant le même que celui que fait la fleur avec le soleil, vu de la ruche. Les abeilles ainsi alertées par l'odeur, puis instruites par la danse de la butineuse, se précipitent alors vers le gisement signalé. Elles règlent leur vol sur la position du soleil ou, si celui-ci est invisible, de la lumière diffuse tombant du ciel et qui leur permet, par un système d'appréciation extrêmement subtil, de repérer la place du soleil malgré les nuages. Les abeilles, sur ce point, nous battent à plate couture : quel que soit l'état du ciel, elles savent à tout moment où se trouve exactement le soleil !

Le système est d'une perfection absolue. Qu'un obstacle oblige l'abeille à faire un détour, et le chemin à parcourir en supplément se trouvera indiqué avec précision au cours de la danse dans la ruche. Toutefois, les recherches de von Frisch n'ont pas permis de connaître la nature de l'information qui indique aux ouvrières, durant cette danse, l'existence d'un détour à accomplir et l'exact parcours à effectuer.

Naturellement, les abeilles se renseignent avant leur départ, auprès de la danseuse, de la nature de sa découverte. Pour cela, elles palpent l'abdomen de cette dernière afin de s'imprégner de l'odeur de la fleur signalée. Pour parfaire l'information, la butineuse informatrice régurgite du nectar prélevé dans la fleur, que ses consœurs pompent à leur tour afin de prendre connaissance de la saveur en même temps que de l'odeur de la fleur qu'elles vont rencontrer.

Elles quittent alors la ruche, effectuent leur vol dans la direction indiquée et reconnaissent immédiatement, en fonction de toutes les informations stockées au départ de la ruche, la fleur signalée. Bref, l'informatrice, en dansant, a indiqué avec la plus grande précision la direction, la localisation, la distance, l'odeur et la saveur de la fleur qu'elles vont entreprendre d'exploiter.

Dans cette merveilleuse mécanique de précision dont le décodage valut le Prix Nobel à von Frisch, le parfum n'est pas repéré par l'insecte sur la fleur ; il est repéré sur l'abeille qui a découvert la fleur. Et ce qui ne fut d'abord qu'une découverte due au hasard, effectuée par une seule abeille, devient rapidement l'objet d'un travail hautement organisé, industrialisé et stakhanovisé, accompli par toute une armée de butineuses ouvrières.

Mais laissons là nos abeilles familières pour explorer quelques stratégies non moins perfectionnées. Car l'usage des parfums floraux peut être fort subtil et rendre aux insectes d'éminents services.

Ainsi certaines Orchidées d'Amérique latine, les *Catasetum*, offrent aux insectes qui les visitent des parfums dont ils s'imprègnent les poils des pattes ; ces gouttelettes à forte odeur de menthe sont stockées, dans une vésicule prévue à cet effet, par les mâles qui seuls effectuent ces prélèvements. Revenus sur leur territoire, ils le marquent en réémettant le parfum par un mouvement vibratoire des ailes qui simule l'action d'un vaporisateur. Le territoire ainsi marqué est prêt pour les parades nuptiales : l'Orchidée offre ici à l'insecte un parfum qui lui permet d'attirer et de séduire sa femelle tout en embaumant sa résidence !

Même stratagème, à quelques nuances près, chez les bourdons. Les glandes odorantes aboutissent aux mandibules : en mastiquant les feuilles basses des arbres et en déposant ces marques odorantes, à intervalles réguliers, sur un cercle d'une centaine de mètres environ qu'ils ne cessent de parcourir toute la journée durant, rafraîchissant même leurs marques par de nouvelles et permanentes mastications, ils établissent une sorte de réseau olfactif où finissent par se prendre les femelles. Chaque espèce de bourdon émet sa propre odeur et choisit ses propres marques : les variations portent sur le choix des espèces végétales mastiquées et sur le niveau du parcours des bourdons, de la base à la cime des arbres. Ainsi les habitats diffèrent-ils d'une espèce à l'autre, comme diffèrent également les substances chimiques émises par chacune. A chaque espèce son territoire !

Les Orchidées-baquets, on l'a vu, font mieux encore, puisqu'elles offrent aux abeilles Euglossines mâles un parfum floral que celles-ci transforment en une hormone sexuelle par laquelle elles attirent leur femelle. Dans ce dernier cas, le parfum de la fleur, prélevé et transformé par les mâles, devient en quelque sorte un parfum corporel destiné à attirer les femelles.

A la vérité, nous faisons des fleurs le même usage, puisque nous prélevons aussi leur parfum afin de nous en servir dans nos propres stratégies de séduction, conformant en tout point notre attitude sur celle des abeilles Euglossines, partenaires exclusives des Orchidées-baquets. Bref, un stratagème que nous croyons avoir inventé l'a été bien avant nous dans l'histoire de la vie ! C'est l'éternelle stratégie de la séduction qui emprunte à la fleur ces arguments souvent décisifs que sont les parfums.

L'horloge et les parfums floraux

Les fleurs déploient rarement toutes les stratégies de séduction à la fois. Chacune a son tempérament, sa sensibilité : les unes inclinent davantage vers le visuel, d'autres vers l'olfactif.

Les dispositifs d'attraction olfactive vont prendre entièrement le relais lorsque les enseignes publicitaires, voyantes et colorées des pétales ou autres pièces, font totalement défaut. C'est le cas, par exemple, pour la vigne dont les minuscules fleurs verdâtres sont aussi peu apparentes pour les insectes qu'elles le sont pour nous. Mais leur forte odeur se révèle très attirante et la pollinisation se fait sans encombre, comme on le voit aux grappes pulpeuses produites en abondance. L'odeur remplace ici la vue, et l'olfactif le visuel. A l'inverse, des fleurs très colorées, comme celles du pavot, du genêt, de la digitale, du liseron, de la colchique, n'émettent pratiquement pas d'odeur : elles n'attirent que par leurs enseignes publicitaires.

Les fleurs les mieux dotées empruntent simultanément les deux stratégies. C'est alors la séduction olfacto-visuelle qui, pour les insectes, constitue le pendant de ce que nous appelons l'audio-visuel. Les fleurs, en effet, n'émettent aucun son, à la différence des grands magasins, eux aussi soucieux d'attirer une vaste clientèle et qui, afin d'alléger substantiellement le portefeuille de leurs clients, joignent aux enseignes voyantes un éclairage intense et une ambiance musicale de nature à lever leurs dernières réticences face à un achat tentant. Il est somme toute curieux que l'humanité n'ait point encore inventé, à l'image des fleurs, des systèmes d'attraction olfacto-visuels, si en vogue dans la nature... Pourtant, comme nous le verrons, nous n'avons pas manqué d'emprunter aux fleurs leurs parfums ! On imagine mal, cependant, une télévision qui émettrait, en plus du son et de l'image, des odeurs parfumées pour vanter la qualité des produits proposés. Les produits de beauté embaumeraient nos salles à manger aux heures de repas, formant d'étranges combinaisons olfactives, tandis que l'onctueuse présentation de certaine marque de pâtes, présentée par un prêtre bien de chez nous à son évêque au regard concupiscent, dégagerait opportunément l'odeur un peu plate d'un plat de nouilles ou, le cas échéant, celle plus relevée d'un gratin...

La fleur peut émettre son odeur par chacun de ses organes. Ainsi les grains de pollen eux-mêmes peuvent-ils délicatement se parfumer, comme c'est le cas chez le Cornouillier ou la Boule de neige. L'odeur du pollen est sans doute la plus ancienne odeur émise par les plantes en vue d'attirer les insectes ; elle existait déjà avant l'apparition des fleurs sur la terre, il y a un peu plus de cent millions d'années, alors que le pollen était déjà abondamment émis par les Conifères de l'ère secondaire ou de la fin de l'ère primaire, à ces époques très reculées où la nature ignorait encore tout des fleurs, qui n'étaient qu'un projet en gestation, caché en son sein, comme l'est l'enfant à naître dans le ventre de sa mère.

Le pollen attirait déjà les tout premiers agents animaux de la pollinisation, des insectes primitifs, sorte de gros hannetons brouteurs, maladroits, brutaux et archaïques, tenant davantage du bulldozer que de la voiture de haute compétition. Ces gros insectes lourdauds étaient attirés — et le sont toujours — par les odeurs de pollen d'arbres très anciens, comme les Encéphalartos, vieux de plus de deux cents millions d'années, à port de palmiers, qui sont sans doute les plus lointains ancêtres des plantes pollinisées par les insectes.

L'odeur des fleurs contemporaines nous atteint souvent par bouffées, lorsqu'elle est émise massivement par un arbre ou un arbuste, et ces délicates ou envoûtantes bouffées nous atteignent souvent irrégulièrement selon l'heure de la journée. Il est notoire, par exemple, que l'odeur du tilleul est à son maximum le soir, à la tombée de la nuit, après une chaude journée d'été. Le chèvrefeuille embaume également davantage en fin de journée, tandis que la délicieuse odeur des haies de troène se répand la journée durant, pendant toute la floraison, au grand bénéfice de ceux qui ont eu l'heureuse idée d'en planter autour de leur jardin ou de leur maison. Les fleurs de jasmin, au contraire, embaument la nuit et perdent leur arôme avec le lever du soleil.

Dans leurs efforts déployés au cours de ces quinze dernières années pour casser l'expansion triomphante du béton, du fer et du verre au cœur de nos cités historiques, les écologistes ont beaucoup réfléchi à la reconquête de la ville par la nature : des espaces verts ont été créés, des ambiances nouvelles et chaleureuses sont apparues dans l'intimité de places et placettes tranquilles, jets d'eau et jeux d'eau, jardinets et aires de repos ont brisé la morne monotonie du macadam et de la pierre. Parmi ces efforts, le soin de planter des arbres odorants n'a pas été des moindres... On s'en aperçoit lorsque la délicate odeur d'un tilleul vient tout à coup nous rappeler, non loin du flux des voitures, que la nature n'a que faire des gaz polluants et qu'elle maintient ses capacités créatrices d'odeurs, de couleurs et de saveurs dans les conditions les plus sévères.

Le botaniste Meeuse avait été frappé par la régularité des mécanismes de l'embaumement végétal. Aussi eut-il l'étrange idée de construire une sorte d'horloge grâce à laquelle on pourrait, selon lui, connaître l'heure solaire en fonction du début de l'émission des parfums de diverses espèces. Le principe est simple : lorsque tel parfum vous atteint, il est telle heure. Mais, dans la pratique, ça marche mal, car cette horloge se révèle pour le moins imprécise. Plus encore que celle imaginée par Linné, et fondée sur l'heure d'ouverture des fleurs... La mode était en effet, à l'époque, à construire des horloges botaniques, et voici à titre d'information, les « riches heures » de Monsieur Linné :

LISERON DES HAIES	3 heures
SALSIFIS DES PRÉS	4 heures
CHICORÉE SAUVAGE	5 heures
NÉNUPHAR BLANC	7 heures
MOURRON ROUGE	8 heures
SOUCI DES CHAMPS	9 heures
DAME DE ONZE HEURES (ornithogalle)	11 heures
SCILLE MARITIME	14 heures
SILÈNE NOCTURNE	17 heures

BELLE DE NUIT . . . .   18 heures
GRAND CIERGE PÉRUVIEN (cactus) .   20 heures
LISERON POURPRE . . . .   22 heures

Comme on le voit, les Belles de nuit sortent un peu tôt, mais les Cierges s'allument à l'heure ! Quant aux Dames de onze heures, elles donnent un bouillon très comestible et sans danger...

L'horloge de Linné fut déjà fort critiquée en son temps et le botaniste Dumanceau affirma qu'après vérification, elle ne marchait pas. Gaston Bonnier ajouta même qu'il serait fort imprudent de régler sa montre sur une horloge aussi peu précise. C'est que le grand savant suédois n'avait pas tenu compte des variations des facteurs atmosphériques, qui modifient sensiblement les heures d'ouverture des fleurs. Ainsi, les jours de pluie ou par temps humide, la Chicorée ne s'ouvre plus à 5 heures, mais, se transformant en hygromètre, s'épanouit un peu n'importe quand selon le degré d'humidité de l'air.

Ce qui nous a valu une horloge modifiée par Kerner von Maryland, fondée exclusivement sur l'éclosion des épis de Graminées. Il faut alors, pour lire l'heure, être un botaniste qualifié, sachant reconnaître par exemple sans la moindre hésitation les épis de *Koeleria cristata*, qui s'épanouissent entre 4 et 5 heures, de ceux d'*Aira cespitosa*, qui s'épanouissent entre 5 et 6 heures. L'horloge, cette fois, est réservée à un cénacle de spécialistes ; mais son usage par le plus grand nombre est aussi problématique que doit l'être le spectacle de Big Ben pour les oiseaux ou insectes qui tournoient autour du célèbre beffroi londonien !

Qu'en serait-il d'un calendrier qui serait fondé sur la période d'épanouissement des fleurs ? Ne voit-on pas, quand la belle saison n'en finit plus de venir, la végétation « prendre un retard tel » que forsythias, lilas, arbres fruitiers décalent et télescopent leur floraison au point que le monde des fleurs s'en trouve finalement aussi perturbé que le monde des hommes ? Pauvres humains déprimés et perclus, sachez que les plantes aussi sont complètement perdues quand le printemps n'en finit plus de venir...

Bref, en se fiant à ces horloges florales, qu'elles soient odorantes ou visuelles, on risque soit de manquer son train, soit de « poireauter » longuement sur le quai... Mieux vaut donc en rester à l'usage prosaïque de la montre. Celle-ci, réglée sur le mouvement des astres, est plus sûre et sa régularité en remontre à celle des phénomènes biologiques : d'un côté, le ballet régulier et minutieusement orchestré des planètes autour du soleil, de la rotation de la terre sur elle-même et autour de l'astre du jour ; de l'autre, les phénomènes plus souples, adaptables et élastiques de la vie biologique des fleurs.

On retrouve ici une notion essentielle : au fur et à mesure que la matière va de l'inanimé au vivant, les rigidités s'atténuent en même temps que s'insinue un gain de liberté. La liberté suinte dans l'univers en même temps que la vie, elle se répand en même temps que la conscience, elle s'épanouit en même temps que la sagesse.

Certes, chez les fleurs comme chez tous les êtres parfois qualifiés d'inférieurs, elle n'en est encore qu'à ses premiers balbutiements. Des balbutiements qui donnent néanmoins une certaine souplesse aux déterminismes rigides, rendant les horloges florales peu fiables : manière comme une autre de rendre hommage ici aux premiers pas de la liberté et de la vie. Comparé à la révolution de Saturne ou de Pluton, de Jupiter ou de Vénus sur leur orbite, le plus humble des êtres vivants possède déjà une dose de liberté proprement gigantesque. Étrangement, et malgré tout les déterminismes qui pèsent encore sur lui, il est déjà plus proche du sage qui a consacré sa vie à un long et permanent effort de méditation, de prière ou d'abandon pour conquérir cette liberté intérieure qui est la finalité ultime de l'aventure humaine, que du caillou sur lequel il se trouve.

Quant à nos horloges florales, rien n'interdit de prendre son repas du soir sous les tilleuls embaumés dont l'odeur du rôti, soyons-en sûrs, ne perturbera pas la succulente émission parfumée.

Où l'homme prend le relais de l'insecte

Nous avons horreur des odeurs animales évoquant la malpropreté et le manque d'hygiène ; ainsi des odeurs de sueur, de peau, et naturellement d'excréments. En cela, notre odorat est différent, dans ses appréciations, de celui des mouches attirées par les odeurs qui nous répugnent... Patrick Süskind[1] parle avec humour des odeurs humaines, « insignifiantes ou détestables ; les enfants sentaient fade, les hommes sentaient l'urine, la sueur aigre et le fromage, et les femmes la graisse rance et le poisson pas frais. Parfaitement inintéréssante et répugnante, l'odeur des êtres humains... ». Cela se passait, il est vrai, au XVIIIe siècle...

Quant aux odeurs directement liées à la sexualité, il semble difficile de tirer à leur sujet des lois générales. L'odeur des poils, des aisselles, du pubis, des organes sexuels, est très différemment perçue selon les sujets, provoquant tantôt attraction, tantôt répulsion. Bien plus, les odeurs varient d'un individu à l'autre, et plus encore d'une race à l'autre. Si, selon Plutarque, Alexandre le Grand dégageait une odeur suave, l'Européen considère que le Noir émet une odeur piquante, et celui-ci trouve en revanche que le Blanc dégage une odeur fade et cadavérique...

Perdue et désorientée dans le maquis des odeurs, la culture dominante, d'essence américaine, a résolu le problème en le supprimant : car tel est bien le rôle des déodorants, fort mal nommés au demeurant, car leur fonction est moins de supprimer les odeurs que de les remplacer par une autre : celle du déodorant lui-même ! De surcroît,

1. Patrick Süskind, *Le Parfum, histoire d'un meurtrier*, Fayard, 1986.

l'emploi massif des déodorants n'exclut pas le recours aux odeurs des parfums, ce qui ne manquait pas d'étonner Desmond Morris, l'auteur du *Singe nu*[1], car des trésors d'ingéniosité sont dépensés pour rendre ces parfums aussi érogènes que possible... Bref, le fameux singe nu, c'est-à-dire l'homme, supprime son odeur en lui en substituant d'autres qu'il sélectionne judicieusement.

Pour compléter ce très sommaire aperçu sur les odeurs humaines, il convient d'évoquer encore la fameuse « odeur de sainteté » : la légende veut qu'elle soit émise par les saints après leur mort, ce que le *Grand Larousse* traduit par : « un état de perfection chrétienne qui fait présumer qu'une personne a été admise au rang des saints ». Cette odeur-là est fort rare et ne fait nulle concurrence à la puissante industrie des parfums : vous ne la trouverez dans aucun grand magasin. On dit qu'on la sentit pour la dernière fois à la mort du Padre Pio...

Quant aux odeurs animales, bien que pour l'essentiel répulsives à notre flair, il arrive que certaines aient trouvé place dans ladite industrie. Ce sont en général des odeurs très intimement liées aux organes sexuels : la civette, substance extraite de la glande para-anale d'un petit mammifère ; le musc, glande préputiale d'un cerf ; le castoreum, sécrétion du castor apportant en parfumerie la note « cuir de Russie » ; l'ambre, expulsé dans l'eau de mer par le cachalot...

Mais ces cas particuliers ne sont que des exceptions confirmant la règle selon laquelle très rares sont les odeurs animales appréciées par l'homme. Curieusement, il semble que les odeurs nous attirent d'autant plus qu'elles proviennent d'espèces plus éloignées de nous ! Nous n'apprécions guère l'odeur du chat et du chien que nous lavons — souvent trop abondamment, d'ailleurs —, et moins encore celles des animaux de la ferme. Mais les odeurs qu'émettent les femelles de papillon pour attirer

---

1. Desmond Morris, *Le Singe nu*, Éd. Grasset, 1968.

leurs mâles nous attirent fortement par leurs effluves évoquant la vanille, le chocolat ou l'héliotrope.

C'est qu'en effet, plus encore que chez les mammifères, les odeurs exercent chez les insectes un rôle déterminant dans l'attraction sexuelle : on a pu parler à leur sujet de « papillons renifleurs »... Le cas du ver à soie est particulièrement spectaculaire ! Un ver à soie mâle perçoit, à des kilomètres de distance, l'odeur d'une femelle de son espèce ; il suffit pour cela qu'il reçoive sur ses antennes une seule et unique molécule de la substance odorante, le bombycol, pour aussitôt s'envoler dans la bonne direction à la rencontre de sa partenaire. Ainsi, un ver à soie mâle juché sur un pin de bois de Vincennes ne manquerait pas de repérer, puis de rejoindre une unique femelle perchée au sommet de la Tour Eiffel ; il effectuerait son parcours, indifférent aux multiples bruits et odeurs de Paris...

Mais si les insectes sont plus éloignés de nous que les autres mammifères, les fleurs le sont encore davantage que les insectes. Et c'est pourtant à leurs parfums que nous nous adressons en priorité, séduits par ces odeurs florales qui nous attirent irrésistiblement. Depuis des millénaires, dans toutes les sociétés, l'homme s'est approprié des parfums élaborés par les fleurs pour attirer les insectes, et ces parfums miment souvent ceux des femelles desdits insectes. Bref, qui dira jamais pourquoi les fleurs exercent sur nous la même fascination olfactive que celle qu'elles exercent sur les insectes en tant qu'éléments attractifs, voire en tant que mimes de leurs hormones sexuelles ? Et il n'en est pas seulement ainsi des parfums, mais aussi de la corolle, symbole de la beauté des fleurs...

Qui dira jamais pourquoi nous succombons à cette fascination olfactive et esthétique, comme le font les insectes eux-mêmes ? Non seulement en humant les fleurs, mais, parce que nous sommes plus perfectionnés qu'eux, en les distillant pour en extraire ces parfums et élaborer de savantes compositions destinées à séduire nos partenaires ?

Il est vraiment curieux que l'homme, arrivé sur terre il y a moins de cinq millions d'années, ait établi avec des fleurs le même type de rapport que celui qu'avaient établi les insectes cent millions d'années auparavant : attraction par la beauté des pétales et par l'odeur des parfums. Pourquoi prenons-nous ainsi le relais de l'insecte ?

Mais si l'homme se comporte vis-à-vis des fleurs exactement comme l'insecte, ce dernier reçoit de la fleur du nectar et transporte son pollen, tandis que la relation de l'homme à la fleur est totalement gratuite : dans l'ordre général de la nature, elle ne sert positivement à rien.

L'insecte et la fleur entretiennent une relation écologique fondée sur un échange réciproque. Entre l'homme et la fleur, en revanche, la relation est esthétique. Ce mystère est d'autant plus singulier que l'immense majorité des mammifères, cette catégorie d'animaux à laquelle nous appartenons, les plus évolués, en tout cas infiniment plus évolués que les insectes, n'entretient aucun type de relations privilégiées avec les fleurs. Pour eux, la fleur n'est jamais qu'un organe végétal destiné à être brouté lorsqu'il n'est pas toxique. On ne verra point de chèvres ou de cochons admirer une fleur ou en récolter pour satisfaire on ne sait quelle joie esthétique ! Chevaux ou vaches, chats ou chiens ne tombent point en arrêt, que l'on sache, devant les fleurs !

On peut donc se demander pourquoi l'homme, après des millions et des millions d'années, noue un lien aussi étroit entre le mammifère qu'il est et la fleur à laquelle il n'apporte rien et qui ne lui est d'aucune manière destinée.

Il y a là un mystère auquel nul ne songe. Pourquoi cette attirance gratuite, qui s'inscrit en dehors des relations écologiques normales que la nature a organisées entre la fleur et l'insecte, a-t-elle finalement débouché sur une grande industrie nationale : celle de la parfumerie, ainsi, bien entendu, que sur l'horticulture et la floriculture ?

Car, en réalité, cette « gratuité » n'a pas duré longtemps ! Le gratuit n'est point notre fort : les parfums des fleurs, déviés de leur fonction écologique, ont été promptement réabsorbés pour leur intérêt économique. Ils font aujourd'hui l'objet d'un généreux commerce, comme les fleurs elles-mêmes. Les parfums circulent désormais dans nos réseaux commerciaux comme ils circulent depuis toujours dans les chaînes écologiques. De la chaîne écologique à la chaîne des hypermarchés, il n'y avait qu'un pas que nous avons franchi allègrement — exemple parmi d'autres de récupérations de ce qui fut inventé avant nous par la nature, et destiné à d'autres, en l'occurrence les insectes. Il en est de même de certains médicaments, des antibiotiques, des aliments, et, comme nous le disions en introduisant ce livre, de tout ce dont nous vivons. Ayons la modestie de nous en souvenir.

La fleur, prestataire de bons ou peu loyaux services

Mettons-nous un instant dans la peau d'un insecte, ou plus exactement dans son squelette chitineux. Voilà, c'est fait... Essayons maintenant de réfléchir — avec des pensées d'insectes, naturellement — à ce que la fleur est pour nous.

Tout à la fois un restaurant, un hôtel, une parfumerie, une droguerie, voire, dans les plus mauvais cas, un « endroit louche », pour ne pas dire une maison close, ou encore une chambre à gaz...

La restauration est le service le plus usuel rendu par la fleur à l'insecte en échange du service postal du pollen. C'est la gratification du facteur, le petit verre qu'on lui offre pour le remercier de sa visite. Et le petit verre, ici, n'est pas de l'eau-de-vie, mais du nectar, la boisson la plus classiquement offerte par les fleurs, leur menu habituel.

Mais ce nectar, selon les fleurs et l'espèce auxquelles elles appartiennent, aura une composition et un goût variables. D'où les diverses qualités de miels que font les abeilles à partir des fleurs qu'elles butinent. D'où, par conséquent, les étoiles qu'on peut affecter à ces « restaurants pour abeilles » que sont les fleurs.

Il faudrait demander aux abeilles si elles font également cette distinction. Existe-t-il pour elles des fleurs à une, deux ou trois étoiles ? C'est probable, lorsqu'on voit l'empressement qu'elles mettent à butiner certaines fleurs comme le Colza, et le relatif discrédit dans lequel elles abandonnent d'autres fleurs, visiblement moins attrayantes.

Mais, dans ces restaurants pour abeilles que sont les fleurs, la « carte » ne comporte jamais qu'un plat unique, variable en fonction des fleurs. Extrême simplicité des menus floraux !

Pour certaines fleurs, c'est le tissu floral lui-même qui sera brouté ; ces « restaurants » ne sont ouverts qu'aux Coléoptères. Le Magnolia et le *Victoria regia*, cet immense nénuphar d'Amazonie à feuilles gigantesques sur lequelles, dans les dictionnaires, on voit un homme tenir debout à la surface des eaux, entrent dans cette catégorie : ce sont en quelque sorte les « restaurants poids-lourds » ; la cuisine n'est pas des plus raffinée, mais elle est particulièrement copieuse...

D'autres fleurs offrent leurs ovaires aux larves des insectes venus les féconder. Ces fleurs-restaurants se sont spécialisées dans les « œufs et les omelettes », comme la fleur de Yucca dont il a déjà été question... et comme la célèbre Mère Poulard, au Mont-Saint-Michel !

Il y a aussi les « restaurants fournisseurs de pollen ». C'est là une spécialité strictement réservée par certains types de fleurs, à certains types d'insectes qui ne se nourrissent que de pollen. Le *Lagerstroemia*, par exemple, a des étamines spécialisées formant un pollen sans capacité fécondatrice, mais qui n'a qu'un rôle alimentaire ; histoire d'éviter la boulimie d'un pollinisateur qui, sinon, serait bien capable de réserver tout le pollen à ses propres appétits, pour le plus grand désastre de la fleur condamnée à la stérilité ! La fleur fait donc la part du feu et fabrique carrément un pollen nourricier, en échange duquel l'insecte aura la bonne grâce de transporter d'une fleur à l'autre le pollen « fonctionnel », le vrai !

Mais, quel que soit le menu, encore faut-il que l'insecte trouve le « restaurant ». La fleur dispose à cet effet d'une double stratégie publicitaire : les traditionnelles enseignes, visibles de loin, que sont les pétales, véritables affiches des fleurs ; et les odeurs parfumées qui s'en échappent, comme d'un restaurant l'agréable fumet d'un rôti.

On ne saurait omettre le cas des restaurants qui ne sont pour les insectes que des « auberges espagnoles ». Ils y apportent leur pollen, attirés par les affiches publicitaires prometteuses, mais ne reçoivent rien en échange, car le restaurant n'a ni cuisine ni cuisinier... De sorte que l'insecte visiteur s'en va frustré, n'ayant reçu aucune récompense pour sa visite : pas de nectar, pas de tissu floral à brouter, pas d'ovaire où pondre ses œufs, bref, aucune reconnaissance ! Ces cas sont rares, mais le *Stapelia* en est un exemple : la fleur reçoit mais n'offre rien.

D'autres fleurs sont, pour les insectes, des hôtels où ils s'abriteront en cas de besoin. Campanules et Belladones hébergent par temps de pluie des myriades d'insectes dans leurs corolles en clochettes tournées vers le sol. Et les Dryas réchauffent les insectes grelottant des zones arctiques au point focal du four solaire que constitue la disposition de leurs pétales ; ceux-ci captent et concentrent les rayons du soleil et le suivent dans sa course, d'Est en Ouest, jour après jour. Ainsi protégés de la pluie et du froid, les insectes trouvent dans la fleur un abri réconfortant.

Enfin, il y a la parfumerie ! On a vu comment les Orchidées-baquets offrent aux abeilles mâles Euglossines des matières premières odorantes destinées à fabriquer les parfums qu'elles utilisent pour séduire leurs femelles.

La fleur peut encore représenter pour l'insecte une droguerie : elle offre alors aux abeilles des cires et, dans certains cas très rares, des résines avec lesquelles elles pourront construire des nids hermétiquement clos et hydrofuges, parfaitement à l'abri de l'eau. En somme, il ne manque que l'encaustique pour l'entretien de ces étranges habitations...

Il y a enfin des fleurs qui, pour les insectes, sont autant d' « endroits louches ». D'abord celles que l'on pourrait appeler « de petite vertu », pratiquant le racolage systématique en déguisant un de leurs pétales en fausse femelle. C'est le cas des nombreuses espèces d'Orchidées spécialisées dans le travestissement et le fétichisme. Ou encore, ce sont les fleurs sado-masochistes de la famille des Asclépiadacées, qui, avec leurs bandelettes, leurs pinces, leurs attrapes, leurs crampons, soumettent les malheureux insectes qui s'y aventurent maladroitement, sans la force requise pour vaincre ces pièges, à la torture et à la mort... C'est dans cette rubrique que figure la fleur-sirène : le fameux nénuphar du Cap, admirable pour sa beauté, mais redoutable par sa cruauté. Ces nénuphars ne gardent des insectes que leurs cadavres noyés au centre de la fleur et leur pollen qui, néanmoins, les féconde : pas question ici de récompense pour la pollinisation. Une fois la fécondation réussie, c'est l'assassinat pur et simple. A la réflexion, ce nénuphar, véritable mante religieuse du règne végétal, aurait mérité de concourir au titre de la plante la plus cruelle ! Comme les Arums tropicaux, tenants du titre, il tue systématiquement l'insecte qui le féconde.

Ces arums meurtriers, avec leur épouvantable odeur de viande pourrie, attirent tout particulièrement les moucherons. Lorsqu'une mouche s'en approche, elle s'écrie sans doute : « Ça sent la chair... pas fraîche ! », puis elle se précipite dans le cornet où sont localisées toutes les fleurs de l'Arum, totalement enivrée par l'épouvantable arôme de l'Arum. Mais ce cornet est une chambre à gaz, puisqu'il s'agit d'une prison d'où l'insecte ne peut plus sortir. Dès qu'il a donné son pollen aux fleurs femelles, il est condamné à mort, au bout de quelques jours, par emprisonnement et étouffement. Les moucherons sont innombrables dans cette prison, tous morts : cette chambre à gaz est à elle seule un camp de concentration si l'on en juge par le nombre de cadavres de mouches qu'on y trouve. Encore qu'il s'agisse d'une chambre à gaz fonctionnant à l'envers, puisque la mort ne survient pas par gazéification, mais par emprisonnement : le gaz ici est attractif, il conduit l'insecte à se faire piéger dans une nasse dont il ne peut plus s'échapper et qui devient dans un premier temps sa prison, dans un second temps son tombeau.

Dans ces cas que nous venons d'évoquer, les insectes sont cruellement manipulés par les fleurs qui oublient de leur rendre le moindre service. Elles excellent — mais ne sont point les seules — dans l'art d'asservir les autres ; elles le font de surcroît avec un naturel si déconcertant que leur cruauté gratuite en est encore plus déroutante.

Le tempérament des fleurs

Masculin ou féminin

« Et rose elle a vécu ce que vivent les roses, l'espace d'un matin. » Ce vers généralement attribué à Ronsard est en fait de Malherbe. Ronsard, lui, invitait sa mignonne à aller voir

> *... si la rose, qui ce matin avait déclose*
> *sa robe de pourpre au soleil,*
> *N'a point perdu cette vesprée*
> *Les plis de sa robe pourprée*
> *Et son teint au vôtre pareil...*

Deux célèbres morceaux d'anthologie pour une fleur qui a connu depuis les Croisades un vif succès et qui, pourtant, n'était à l'époque qu'un églantier ! Regardez bien l'églantier : ses fleurs à cinq pétales rouges, roses ou blancs, sont fragiles, ce qui les prémunit contre la tentation d'en faire des bouquets, car en appartement elles ne « tiendraient » guère. Au centre de la fleur, de nombreuses étamines surmontent une urne profonde destinée à contenir de petits fruits secs et craquant sous la dent.

La rose est la fille de l'églantier ; elle est le fruit d'un long et patient travail visant à sélectionner, de génération en génération, les fleurs dont certaines étamines s'étaient transformées en pétales ; car les pétales de rose sont des étamines modifiées. Plus les pétales sont nombreux, plus la rose est belle et plus rares sont ses étamines, complètement occultées au centre de la fleur. La rose de nos jardins n'est donc plus du tout une fleur naturelle et l'on comprend la mise en garde de notre ami le botaniste Charles Bonnet qui conseillait aux amateurs du XVIIIᵉ siècle de ne jamais herboriser dans les jardins où les fleurs, traitées et domestiquées par les horticulteurs, perdent rapidement leur naturel...

Mais laissons là notre rosier pour aller observer, au bord de l'eau, les nénuphars. Eux aussi transforment comme les roses leurs étamines en pétales, et le font même en une sorte de fondu-enchaîné : d'où d'étranges organes, mi-étamines, mi-pétales. Preuve que la nature accepte, quand elle ne les favorise pas, les solutions mitigées !

Or, jusqu'ici, dans nore esprit, un pétale était un pétale, une étamine une étamine, un pistil un pistil. Voici que tout s'embrouille, comme si la biologie avait l'art de compliquer les choses simples, à défaut de simplifier les choses compliquées ! Mais, en réalité, c'est nous qui classifions, cataloguons, analysons pour tenter de comprendre, et plus nous tentons de simplifier, plus nos schémas s'éloignent de la réalité vivante...

Cet art de manipuler les organes, fussent-ils ceux de la reproduction, la nature le pratique avec une rare audace dans la vaste famille des Euphorbiacées. Au fil des millions d'années, les Euphorbes ont perdu et leurs habits et l'un de leurs deux sexes, pratiquant d'abord une sorte de strip-tease où tombèrent successivement pétales et sépales, puis une véritable autocastration.

Dans cette famille, la fleur de Croton est encore très convenablement habillée avec ses sépales et ses pétales ; mais elle n'a déjà plus qu'un seul sexe : elle est soit mâle, soit femelle. Le Ricin, lui, perd ses pétales et ne conserve plus que quelques pièces vertes, autour des étamines ou du pistil selon les fleurs. Enfin, chez l'Euphorbe, la fleur, ayant tout perdu, se réduit à une seule étamine ou à un seul pistil, selon qu'elle est mâle ou femelle. Ce sont évidemment là les fleurs les plus simples du règne végétal. Car si le mécanisme de simplification se poursuivait, il aboutirait, au cours de l'étape suivante, au néant par disparition de la dernière pièce existante !

Mais si les Euphorbes pratiquent généralement des castrations ou des excisions particulièrement... tranchées, il n'en est pas toujours ainsi. Dans bien des cas subsiste une modeste trace du sexe éliminé, gentiment appelée, lorsqu'il s'agit d'une étamine : staminode, ou d'un pistil : pistilode. Staminodes ou pistilodes sont des étamines ou des pistils atrophiés. On en observe chez de nombreuses fleurs. Les staminodes sont courantes dans la famille du Géranium, les pistilodes dans celle des Concombres. Elles rappellent l'existence ancienne, chez ces fleurs, du sexe disparu dont elles sont l'ultime vestige.

L'on voit chez ces fleurs tantôt la virilité, tantôt la féminité s'évanouir sous nos yeux. Preuve que la nature s'ingénie à brouiller les cartes et à mélanger les genres, comme si elle se refusait à trancher clairement entre masculin et féminin.

Dans ses rapports avec l'insecte comme dans la morphologie de ses organes, la fleur joue admirablement de cette subtile dialectique du masculin et du féminin. A observer les performances sexuelles des plantes, force est de constater qu'en ce domaine, elles n'ont rien à envier aux humains. On trouve en effet, entre la fleur et l'insecte qui la pollinise, un type de rapports qui ne va pas sans évoquer les rapports de couple. Comme la femme, la fleur semble passive, bien que douée d'un fort pouvoir de séduction ; et comme le mari, l'insecte est actif : il s'approche d'elle et la féconde, porteur de la semence — le pollen. Mais que de ruses et d'ingéniosité dans la passivité des fleurs, si expertes dans l'art de mener l'insecte au but qu'elles se sont fixées : la fécondation. Ce sont elles qui, en réalité, régissent tout le processus d'attraction, l'insecte ne faisant que répondre à sa demande.

Il ne faut pas être expert en matière de relations conjugales pour savoir que, de par la nature même de sa physiologie et de sa sexualité, c'est généralement la femme qui mène le jeu, car c'est elle qui choisit les moments propices aux manifestations amoureuses. Et c'est à l'homme, lorsqu'il est galant homme, de s'y adapter, n'entrant dans le jeu que lorsque sa partenaire est psychologiquement réceptive.

Tout laisse penser que la domination sexuelle du mâle n'est en fait qu'une construction culturelle, étrangère aux mœurs profondes de la nature qui privilégie si évidemment le sexe dit faible, celui qui portera les enfants. Et lorsque, comme en notre temps, la culture vient au secours de la nature, la montée en puissance du « deuxième sexe » finit par avoir quelque chose de proprement vertigineux ! Aussi est-ce sans doute pour rétablir un équilibre — à vrai dire définitivement compromis — que tant de civilisations ont affirmé la primauté de l'homme, instaurant du même coup des situations si parfaitement inacceptables pour la femme !

En réalité, les sexes, dans leur raide classification de type binaire, contredisent souvent les apparences ; car la nature s'est toujours ingéniée à ouvrir au maximum le champ des possibles, autorisant une riche multiplicité de pratiques et de comportements. A se demander s'il n'existe pas une sexualité qui serait propre à chacun de nous, comme nous sont propres les traits de nos visages et les éléments saillants de notre personnalité ! La nature, qui a horreur de la standardisation, laisse en permanence des portes ouvertes et se garde bien de nous enfermer dans des moules trop rigides dont l'inadaptation pourrait entraîner un grand péril pour l'espèce.

Bien plus, l'imaginaire de la nature semble s'évertuer à atténuer les divergences que les cultures, au contraire, s'acharnent à amplifier. La différenciation sexuelle des mammifères — et de l'homme en particulier — en est une preuve spectaculaire.

Il n'existe pas de prototype de l'homme ou de la femme à l'état « chimiquement pur », et chacun porte en soi une part substantielle — physiologique, psychologique ou comportementale — du sexe oposé. Voici deux anecdotes suggestives à cet égard :

La scène se passe, voici quelques années, dans un foyer de jeunes travailleurs. L'animateur est doué d'un exceptionnel talent pour communiquer « avec ses gars ». Nous évoquons le difficile accès des jeunes au monde du travail. On frappe et, comme d'habitude, nous comprenons l'un et l'autre que, pas plus aujourd'hui qu'hier ou que demain, nous n'aurons trois minutes d'affilée pour échanger en paix quelques idées ou échafauder quelque projet. Entre un grand gaillard brun en forme d'armoire à glace : c'est José. José incarne le parfait prototype du loubard ; on l'imagine chevauchant une grosse cylindrée s'il avait assez de centimes en poche pour se la procurer ! Son blouson de cuir couvert de badges, ses « santiags », son ceinturon clouté, un étrange foulard « à la Renaud », le tout d'un gabarit très supérieur à la moyenne, en font un animal impressionnant et encombrant dans le minuscule bureau où nous sommes. Visiblement, José est moralement très atteint. La conversation s'engage et je me tiens à prudente distance, ne désirant point encombrer de mes interventions le dialogue qui se noue. L'animateur se révèle chaleureux et protecteur, sans pour autant paterner ni materner.

Comment fait-il ? Avec mon cœur de mère et ma tête de père, je serais bien incapable d'en faire autant. Il circule sur cette ligne de crête qu'il connaît bien pour exercer ce métier d'éducateur depuis vingt ans. Charisme et vocation. Vint rapidement la question-clef : « Et ta copine ? » Question qui nous valut cette surprenante réponse : « J'ai pas de copine, j' suis une môme, j'ai un cœur de nana. »

Il se trouve qu'à l'époque, je rédigeais un texte sur les Orchidées mimétiques, piège infaillible, on l'a vu, pour attirer l'insecte fécondateur. Et je me dis par-devers moi — par ce genre d'associations d'idées qui viennent irrépressiblement en pareilles circonstances — que ce José-là devait avoir piégé pas mal de filles : le mime de Rambo et le cœur de Suzette ! Mais, après tout, les filles étaient-elles si piégées que cela ? On dit qu'il leur arrive de préférer le commerce de ces hommes-là au bagoût et à l'exhibition musculaire des hypermachos ! Toujours est-il que le piège était parfaitement imité. Je laissai la conversation se poursuivre et m'éclipsai discrètement. Dehors, il n'y avait pas de « gros-cube ». José était un pauvre. Comme nous tous, il avait besoin qu'on l'aime. Bref, nous étions devant un leurre, une de ces apparences trompeuses où la vie manifeste sa liberté et sa gratuité radicales, hors de toutes catégories et de tous jugements. Discret appel à l'humilité, invitation à ne jamais juger personne.

La seconde anecdote se passe dans une vieille demeure de la région parisienne. Nous passons là des milieux les plus défavorisés à la haute aristocratie française. Suzanne et Hubert m'accueillent à l'issue d'une conférence donnée à Paris. Hubert, déjà âgé, mais d'un physique délicat, consacre sa retraite à la Renaissance italienne et à Fragonard, qu'il adore. Les mœurs de Suzanne sont nettement plus — comment dire ? — viriles. Elle m'entretient sur un ton péremptoire, et avec cette curieuse voix d'homme qui me la fit confondre avec son mari au téléphone, des difficultés rencontrées aujourd'hui à conduire la grande entreprise dont elle est P.D.G. De sa lointaine parenté avec les La Rochefoucauld et de son appartenance au gratin du Gotha, Suzanne n'a cure ; elle mène tambour battant ses affaires, non sans manifester une affection toute maternelle — il serait plus exact de dire « toute paternelle » — à son Hubert au parler flûté, au style outrageusement maniéré. Étrange couple en vérité que celui-là, et excellent pourtant, bien que semblant contredire le traditionnel partage des styles, des tâches et des fonctions entre homme et femme. Ce qui ne les empêchèrent point d'avoir sept enfants !

Bref, nous voici perdus ! Qui est l'homme ? Qui est la femme ? Chacun porte en soi l'un et l'autre, en proportions variées. Y a-t-il des prototypes, des archétypes ?

Dans une enquête récente, le couple Deneuve-Delon — dont chacun sait qu'il n'est pas un couple — semblait symboliser, aux yeux des Français, la plus fine illustration de la féminité et de la virilité. Mais existe-t-il vraiment un type de femme « chimiquement pur » ? La Bible nous en offre au moins deux :

Ève, d'abord. Cette femme qui, séduite par le serpent, sut à son tour séduire et persuader son lourdaud de mari de cueillir le fruit de l'arbre défendu. La voilà bien, la femme qui piège, la femme qui ruse, la femme qui prend — bref, la femme fatale : la femme-fleur, en quelque sorte, vers laquelle l'insecte se précipite pour finalement se faire avoir et tomber dans le panneau...

Marie est l'autre type : la femme qui accueille, qui accepte, qui donne et se donne. L'image archétypique de la mère. La femme-fleur aussi, mais vue cette fois par les graines qu'elle mûrit, qu'elle nourrit, qu'elle protège et qu'enfin elle répand, les livrant librement à leur destinée...

La fleur illustre les deux images de la femme : elle piège l'insecte dont elle a besoin, elle donne sa vie pour ses petits, puis s'efface. Tout compte fait, il semble plus facile de trouver un modèle unique de la féminité dans la botanique que dans la Bible ! La fleur est ce modèle, avec son double visage. Quant à la femme, il est probable qu'elle privilégiera tantôt l'une, tantôt l'autre image, plutôt Ève ou plutôt Marie, selon les temps et les moments, selon sa nature et son tempérament aussi.

Et l'homme ? Est-ce Goliath le géant, le costaud, le terrible, le foudroyant, le redoutable — on pourrait le doter de tous les noms de nos sous-marins nucléaires — ou, au contraire, David, l'adolescent superbe et vulnérable ? Nous voici à nouveau confrontés à deux modèles et, curieusement, c'est le plus faible qui gagne. Est-ce lui alors le prototype de la virilité, ce David qui devint le plus grand des rois d'Israël et dont le Christ descend en ligne directe ?

Mais voici que la Bible nous le révèle amoureux, semble-t-il, de Jonathan ; et le texte sacré de reproduire —

avec cette majesté du message divin qui déroute nos pauvres logiques humaines, au point de surprendre les uns et d'horrifier les autres — ses chants d'amour à Jonathan dont, dit-il, « l'amour lui était plus cher que celui des femmes ». Bref, David comme Alexandre le Grand, le plus grand conquérant de l'Histoire, était bisexuel ; il correspond donc fort mal au prototype de la virilité. Aussi paraît-il vain de rechercher ce prototype, qui sans doute n'existe pas. Car c'est dans le domaine de la sexualité que la plasticité de la vie apparaît comme la plus surprenante, du point de vue purement physique aussi bien que psychologique.

Les physiologistes sont amenés à prendre en considération trois aspects du sexe :

> — le sexe chromosomique, caractérisé par la présence du chromosome Y qui détermine la masculinité, car il n'est présent que chez le mâle, jamais chez la femelle ;
> — le sexe organique, qui se manifeste par la nature des organes sexuels effectivement présents chez l'individu ;
> — le sexe hormonal enfin, résultant des proportions respectives des différentes hormones sexuelles mâles et femelles sécrétées par un individu donné.

Il serait simple et expédient que ces trois séries de données aillent spontanément de pair : cela nous rassurerait sur notre identité. Mais, bien entendu, il n'en est rien. Les mâles sécrètent des hormones femelles et les femelles des hormones mâles. Allez donc comprendre pourquoi. Il eût été si simple de mieux trancher les choses ! Dans des cas exceptionnels, un sujet à sexe chromosomique femelle peut avoir des testicules. De même, des individus castrés, donc privés des organes sécréteurs d'hormones, peuvent conserver un intense désir sexuel.

A quoi il convient d'ajouter les phénomènes éducatifs et culturels qui s'ajoutent, en les atténuant ou en les accentuant, aux fluctuations biologiques. Ainsi, des sujets élevés selon un sexe contraire à leur sexe chromosomique, organique ou hormonal, risqueront-ils d'acquérir des comportements sexuels opposés à leur propre sexe. C'est là qu'apparaît l'importance décisive des parents dans l'élaboration de la personnalité et de la sexualité de leurs enfants. Un père absent, une mère castratrice, et le dispositif est en place qui induira des inclinations et des pulsions homosexuelles. Tout se passe comme si le sexe psychologique était indéterminé à la naissance : pour l'orienter dans l'un ou l'autre sens, il suffira d'imprégner l'enfant de tel ou tel modèle.

Le comportement sexuel des animaux est encore plus suggestif et conduit à des observations proprement incompréhensibles. Des vaches traitées par des hormones femelles peuvent se comporter comme des taureaux ; des femelles de rat ou de lion présentent un comportement masculin en présence d'un mâle paresseux ; enfin, il suffit de visiter un zoo pour observer la gamme impressionnante des comportements sexuels des chimpanzés, capables de masturbation, de viol, de prostitution et de toutes les formes possibles et imaginables d'hypersexualité ou de perversion.

Les plantes étant dépourvues de système nerveux, il est évidemment exclu d'observer chez elles des phénomènes équivalents ; mais si les conditions de vie et d'éducation jouent un rôle capital dans l'évolution du comportement sexuel, c'est bien qu'il subsiste au départ une large part d'indétermination. Celle-ci est d'ailleurs biologique, puisque non seulement les fleurs de courges, mais également les humains possèdent des traces de l'autre sexe : glandes ou étamines avortées chez beaucoup de fleurs femelles, pistils stériles chez les fleurs mâles, clitoris chez la femelle des mammifères et mamelons sur la poitrine des mâles. D'où, peut-être, le mythe de l'androgynat primitif, cher à de nombreuses cultures ; d'où ces phénomènes d'autocastration auxquelles les fleurs d'Euphorbes, par exemple, se livrent avec ardeur, et qui leur vaut de passer si allègrement de l'hermaphrodisme, version végétale de l'androgynat, à la monosexualité.

D'autres fleurs font mieux encore et nous offrent des cas de transsexualité, comme celui du Bégonia africain qui est mâle s'il croît en pleine lumière, et femelle s'il pousse à l'ombre. Ce Bégonia vit sur les branches des arbres ; mais il arrive qu'un pied se détache et tombe sur le sol où il s'enracine ; les fleurs mâles qu'il porte dépérissent alors promptement et l'on voit poindre une nouvelle génération de fleurs, femelles celles-ci. Ce qui prouve bien que l'individu possède potentiellement les deux sexes, et que seules les conditions d'éclairement l'orientent dans un sens ou dans l'autre. Bel exemple de la transsexualité qui n'est pas spécifique aux végétaux, car on l'observe aussi chez quelques vers ou mollusques à sexe instable, et parfois même chez l'homme.

La vie, on le voit à ces multiples exemples, ignore les contours nets. Si elle a progressé en chemin, si ses évolutions ont abouti à des formules viables, elle n'exclut jamais les tâtonnements audacieux, pas plus qu'elle ne renie ses propres cheminements. Et elle prend toujours grand soin de se réserver une ample marge de manœuvre pour le cas où de brusques reconversions s'avéreraient nécessaires !

Aussi conviendra-t-il de se garder, en la matière, de tout jugement hâtif ou péremptoire. Le bien et le mal ne résident en rien dans ce que l'on est, et sans doute pas davantage dans ce que l'on fait, pour autant que les erreurs puissent recéler quelque valeur pédagogique ou salvatrice. Les vieilles morales poussiéreuses, paravent de tant d'hypocrisies, devront laisser place tôt ou tard à de plus exigeantes éthiques, où la loi d'amour bannira tout jugement sur les personnes, constatant simplement les multiplicités et les diversités, les compatibilités et les incompatibilités, le respect des parcours propres à chacun, dans le seul souci d'éclairer les consciences. Car une conscience éclairée, un jugement droit, un cœur pur et purifié constituent une liberté chèrement acquise — mais qui n'a pas de prix. Puis, au terme d'un parcours évoquant ces courses d'obstacles ou ces parcours du combattant qui nous valent, lorsque nous les avons franchis de bout en bout, ce que l'apôtre Paul appelait, évoquant les jeux du stade, « la couronne des élus », l'éternelle liberté de la grande vie d'où nos menus calculs et nos petits scrupules auront à jamais disparu.

Libéralisme ou socialisme

Si le monde des fleurs relativise à ce point les concepts de virilité et de féminité, il relativise tout autant les concepts de socialisme et de libéralisme.

Voyons la Tulipe : toujours une seule fleur, mais quelle fleur ! Une très belle fleur, une fleur énorme avec ses habits chamarrés, parfois multicolores. Elle coiffe à elle seule toute la tige. Cette fleur terminale, apicale, comme disent savamment les botanistes, occupe tout le territoire, elle « pompe » à elle seule tout l'air et toute la lumière. Terriblement impérialiste, cette fleur, totalitaire, égoïste ! Sur sa tige, aucune place pour d'éventuelles consœurs. Il n'y a d'ailleurs pas de consœurs. Jamais on ne voit une tulipe à deux fleurs : aussi rare qu'un veau à deux têtes ! Car la fleur dominante, en émettant des hormones d'inhibition, ne laisse aucune autre fleur mettre le nez dehors sur la même tige. Et comme il n'y a qu'une tige...

C'est une règle générale en botanique que les grosses fleurs terminales inhibent et bloquent totalement le développement des bourgeons floraux qui s'aventureraient sous elles : c'est le règne du bouton unique et de la fleur unique. Regardez les Jonquilles, elles en font autant : une tige, une fleur ; et les Narcisses aussi ; mais, ici, les fleurs sont déjà plus petites. On pourrait continuer la série avec le Lys, l'Iris... Dans tous ces cas, chaque pied est totalement individualiste, exigeant pour être fécondé la visite personnelle d'un insecte, faute de quoi la fleur et le pied qui la porte mourront sans descendance, sauf s'ils peuvent s'autoféconder.

Mais voici des champs de jonquilles dans les Vosges au printemps, si denses qu'ils en jaunissent le paysage,

comme le feront un peu plus tard les champs de colza. La
Jonquille n'est donc pas dépourvue de sens social, même
si sa fleur est individualiste, elle aussi ! Tout compte fait,
un champ peuplé de Marguerites offre un spectacle analogue, avec ses milliers de fleurs blanches et jaunes. Et
pourtant, il y a entre la Jonquille et la Marguerite la
même différence qu'entre un pavillon individuel et un
immeuble collectif de type H.L.M. Car la Marguerite
n'est pas une fleur, mais un bouquet de fleurs ! Et ce bouquet, étant toujours solitaire et de belle taille, prouve
qu'au sommet de la tige les mêmes inhibitions jouent sur
d'éventuels bourgeons sous-jacents, comme chez la
Tulipe. Car la tige d'une Marguerite s'achève toujours par
une seule fleur, ou plutôt par un seul bouquet de petites
fleurs. Ici, ce n'est pas la fleur, mais la société de fleurs
qui est égoïste. Mais quel bouquet, quelle société au
juste ?

Regardez de près la Marguerite. Au sommet de la tige
— comme chez la Jonquille —, un bel organe attractif.
Regardez-la de plus près encore : sur la périphérie, de
nombreux pétales blancs qui ne sont pas des pétales.
Vous les arrachez les uns après les autres et vous dites :
« Je t'aime, un peu, beaucoup, à la folie... » Et, comme
vous aimez les fleurs, vous n'ajoutez pas « pas du tout ».
Ces pétales portent chacun à la base — regardez bien ! —
un petit pistil avorté. Chacun, en vérité, est une fleur qui
cache les vestiges de son sexe dégénéré par le flamboyant
travestissement de ses pétales, soudés entre eux en une
lame d'un blanc éclatant ; nombreuses sont les fleurs en
périphérie qui se sont laissées aller, au cours de l'évolution, à ce bizarre abandon de leur virilité et de leur féminité, pour ne plus garder que leur blanche livrée, fort
attractive pour les insectes. Ceux-ci, attirés par cette belle
collerette blanche, et n'étant pas botanistes, ne font pas le
détail : ils n'y voient... que des pétales ! Le centre de la
Marguerite est un tapis rond et jaune composé de nombreuses fleurs qui ont subi une évolution rigoureusement
inverse : elles ont conservé leurs attributs sexuels, mais

elles se sont déshabillées : leurs pétales jaunes sont minuscules et ne forment plus qu'un tube insignifiant.

Bref, les fleurs périphériques cachent leur absence de sexe sous une belle tunique blanche, et les fleurs centrales exhibent impudemment leur organe de reproduction. Nouvelle preuve que la fleur fait souvent les choses à l'envers : car la feuille de vigne, nous la plaçons plutôt à l'endroit qui convient... La Marguerite, non ! Il est vrai qu'elle se moque éperdument de nous : ce qui l'intéresse, ce sont les insectes. C'est pourquoi l'ensemble de ces fleurs attractives blanches et de ces fleurs reproductrices jaunes se disposent — comme vous le voyez et l'avez toujours vu sans l'avoir su — en forme de vraie fleur. Mais ça n'est pas une fleur ; cette pseudo-fleur est une république de fleurs ! Les fleurs externes blanches n'ont qu'un seul rôle : attirer les insectes, comme le font les pétales de toutes les fleurs ; c'est pourquoi elles ressemblent à ce point à des pétales. Au centre, c'est le contraire : les fleurs jaunes n'ont qu'un rôle reproducteur ; ces fleurs serrées les unes contre les autres possèdent chacune — regardez bien à la loupe ! — un pistil sur lequel se serrent cinq étamines. Il suffit de voir une abeille atterrir sur une Marguerite pour comprendre l'astuce du stratagème : en une seule visite, piétinant le tapis jaune central, elle dissémine le pollen sur un grand nombre de fleurs, voire sur toutes les fleurs ; elles seront ainsi fécondées en une seule visite ! Visite qui a eu lieu parce que l'abeille n'a pu résister à la vue des merveilleuses fleurs blanches qui lui « tendaient les bras » comme autant de taches claires dans le paysage visuel de ses yeux à facettes. La Marguerite est donc stakhanoviste ; elle pratique la pollinisation à la chaîne, et, pour cela, comme dans une usine, elle spécialise ses organes : d'un côté, les fleurs transformées en pétales ; de l'autre, les fleurs réduites aux organes sexuels. Division du travail et rendement sont ses maîtres mots.

Rien de tel chez la Tulipe, le Lys ou l'Iris : une fleur unique, une visite unique. Travail d'artisan. Pas de spécialisation, chaque fleur joue sa partie pour elle-même.

Ici, les fleurs ne s'organisent jamais en société, et si autour d'elles se trouvent d'autres fleurs de la même espèce, comme dans un champ de jonquilles, l'ensemble constituera néanmoins quelque chose qui ne sera jamais un grand ensemble, comme l'est la Marguerite, mais plutôt un lotissement pavillonnaire où le facteur, comme l'insecte, devra porter son « pollen-courrier » de maison en maison. En revanche, quand ledit facteur arrive aux H.L.M., il entre dans le hall et remplit en une seule visite toutes les boîtes aux lettres : tel est le stratagème de la Marguerite, que la Tulipe ignore.

La Tulipe, il est vrai, est une monocotylédone. Connaissez-vous les monocotylédones ? Si vous avez fréquenté une Terminale, ce mot doit vous rappeler vaguement quelque chose d'un peu compliqué et d'un peu obscur, comme tous les autres mots des cours de botanique. Par contre, si vous avez un jardin, vous avez remarqué que les poireaux, les oignons, l'ail et l'échalote, lorsqu'ils lèvent, poussent verticalement en une seule et unique feuille mince et allongée comme une petite aiguille verte qui se dresse droit vers le ciel : ce sont des monocotylédones. L'esprit individualiste de la Tulipe se manifeste déjà dans cette « érection » d'un organe unique : le cotylédon, précisément.

Regardez-vous souvent lever les radis ou les haricots ? Deux petites feuilles surgissent de terre — sans compter toutes les mauvaises herbes qui lèvent en même temps. Vous avez toutes les peines du monde à les éliminer. Voilà des dicotylédones. Leurs graines émettent à la germination deux petites feuilles généralement larges, manifestant une certaine inclination à un esprit plus social : pour communiquer, il faut au moins être deux. De fait, c'est chez les dicotylédones que l'on trouve les plantes du type de la Marguerite, organisant leurs fleurs en formation très dense. Certes, l'Oignon tente d'en faire autant : vous connaissez ces grosses boules de fleurs à l'extrémité de ses tiges ; on croirait qu'il veut imiter les ombelles de la Carotte sauvage, ces curieux parapluies si abondants au bord des chemins. Mais ils veulent trop bien faire et, en fait de parapluie, c'est une grosse boule de fleurs qu'ils forment. Jamais cependant ces fleurs ne se serrent les unes contre les autres. Voilà un privilège exclusivement réservé aux dicotylédones, tout au moins à certains d'entre eux.

L'effort de l'Ail et de l'Oignon est certes méritoire, mais ne va jamais bien loin. Et quand cela va plus loin, comme chez les Arums ou chez les Graminées, les fleurs se serrent alors les unes contre les autres, mais en aucune manière ne se partagent les tâches, comme si cette idée ne leur était jamais venue... Seules les dicotylédones avancées sont allées jusque-là, et avec quel succès !

Mais, direz-vous, durant nos vacances dans les Alpes, nous avons récolté, attirés par son éclat, une minuscule Orchidée : l'Orchys-vanille. Ses petites fleurs brunâtres et à forte odeur de vanille étaient serrées les unes contre les autres, presque autant que sur une Marguerite. Or les Orchidées sont bien des monocotylédones. Alors ? Eh bien, non seulement elles sont monocotylédones, mais elles sont de surcroît farouchement individualistes. Au point que chacune des fleurs, même lorsqu'elles se regroupent entre elles, exige une visite personnelle de l'insecte pour s'emparer du pollen agglutiné en masse dense et pour le transporter jusqu'à une autre fleur.

Pour une Orchidée, le piétinement d'un tapis floral par un insecte serait le comble de l'outrage. D'ailleurs, la plupart d'entre elles séparent soigneusement leurs fleurs, qui se disposent en grappes fort ornementales — comme chacun peut voir chez le premier fleuriste venu. De sorte que les Orchidées ne ressemblent jamais aux Marguerites.

On ne verra jamais chez les Orchidées une organisation collective des fleurs ; aucune ne concéderait le minimum d'indépendance pour s'organiser avec d'autres en un ensemble du type de celui de la Marguerite. L'on peut dire, de ce point de vue, que les Orchidées manifestent un néo-libéralisme avancé. Chaque fleur organise pour elle seule sa propre pollinisation, et les Orchidées mimétiques, comme l'Orchidée-marteau, poussent la logique du système à son terme, chaque individu ne possédant plus qu'une seule fleur fécondée par un seul type d'insecte. Si Marx avait mieux connu les mœurs des Orchidées, sans doute en eût-il été troublé, lui qui voyait dans le processus de socialisation l'ultime avancée du mouvement de la vie. Il eût certes accepté le libéralisme des Magnolias, dont chaque grosse fleur est évidemment indépendante et souvent isolée, car ce sont des fleurs anciennes à qui l'on pourrait pardonner de ne point céder aux idées du temps ; mais les Orchidées si modernes et si récentes : pourquoi diable s'obstinent-elles à en faire autant ?

Qu'eût-il pensé du mimétisme, du fétichisme, des ruses et des pièges qui sont l'apanage de ces fleurs troublantes, dont chacune joue isolément sa partition et réussit ou rate sa pollinisation pour avoir su ou non attirer son pollinisateur ? Car il ne viendrait jamais à l'idée d'une fleur d'Orchidée de s'installer dans un dense parterre de fleurs homologues serrées au sommet d'une même tige, afin qu'un insecte visitant ce parterre la piétine sans élégance ni précaution et la féconde de façon « impersonnelle » en même temps que toutes ses voisines.

Il y a pourtant des exceptions... Car la nature adore brouiller les pistes : notre Orchys-vanille, par exemple, qui regroupe étroitement ses fleurs, à l'instar de beaucoup d'Orchidées européennes, en est une. Cette organisation sociale crée des ensembles floraux de belle dimension, fort prisés des insectes qui les repèrent de loin à leurs couleurs voyantes et à leur taille impressionnante, dans les pelouses ou les prairies. Mais, arrivés sur les lieux, ils pollinisent individuellement chaque fleur. Pour l'insecte, l'ensemble floral est le drapeau, le pavillon d'un petit État dont les habitants répugnent à trop collaborer. Chacun pour soi, chacun chez soi. Et, pour chaque fleur : sois belle et tais-toi !

Mais les mœurs des Composées, aucune Orchidée ne les accepterait jamais ! On les imagine fort méprisantes pour nos pauvres Marguerites ; à la limite, elles préfèrent, s'il le faut, rester stériles. Plutôt mourir qu'accepter l'esclavage, la loi du groupe. Une Orchidée serait horrifiée par le mot d'ordre des écologistes allemands qui pourtant prétendent la protéger : « *Lieber rot wie tod* » (Plutôt rouge que mort)! On les imagine au contraire se laissant mourir plutôt qu'être enrégimentées dans on ne sait quelle construction sociale, socialisante ou marxisante, qui leur serait totalement étrangère. Voilà donc des fleurs fort évoluées, et pourtant très indépendantes. Leur sens social, c'est à l'égard des insectes qu'elles le manifestent.

Il est néanmoins évident que sur chacun des grands axes de l'histoire de la vie, une tendance s'esquisse vers un haut degré de socialisation. Il en est ainsi, chez les plantes, pour la famille des Composées dont la Marguerite est le parfait prototype, avec sa « fleur » qui est une petite république, un petit État hautement socialisé. Organisation efficace, puisqu'une seule visite d'un insecte pollinisateur, piétinant le jeune parterre floral, féconde d'un seul coup toute la troupe. Même organisation sociale chez les insectes, formant des sociétés quasi parfaites dont le prototype est l'abeille, la fourmi ou la termite — au point que l'on peut se demander si l'individu est la termite, la fourmi ou l'abeille, ou bien plutôt la termitière, la fourmilière ou la ruche! L'organisation et la puissance du groupe sont telles que l'individu s'y dissout littéralement et, avec lui, toute ébauche de liberté personnelle.

La révolution industrielle a produit des modèles d'organisation sociale qui évoquent étrangement ce comportement des insectes sociaux. Les fascismes et les marxismes en vigueur aux quatre coins du globe s'acharnent à réduire le poids de l'individu au profit des masses ; bien plus, l'organisation du travail selon les procédés aujourd'hui dépassés du stakhanovisme et de la chaîne allait dans le même sens et conférait aux modes de production industrielle une efficacité et une productivité incroyablement plus grandes que celles des artisans du passé.

Mais ces tendances socialisantes, perceptibles à l'extrémité des trois grands axes de la vie — l'axe végétal et les deux grands embranchements de l'axe animal — sont contrebalancées par des évolutions divergentes. Chez les végétaux, les Orchidées sont le contrepoids des Marguerites et de leurs consœurs par leur individualisme forcené. Chaque fleur mène sa vie indépendamment de sa voisine et a besoin de la visite de *son* insecte pour être fécondée. Et les Tulipes, avec leur fleur unique, exigent de par leur nature même une visite personnelle. Chez les animaux, nous trouvons, très proches de nous, de grands singes aux mœurs farouchement individualistes et solitaires, tels que les Orang-outans. Chez les insectes, les individualistes sont légions.

Tout se passe en fait comme si la vie avait refusé un choix clair, préférant panacher les deux formules, celle du libéralisme et celle du socialisme. Il n'est donc pas étonnant que les hommes piétinent devant la même alternative et les mêmes hésitations pour organiser leur société... Ce dilemme, la fleur d'Orchidée et la fleur de Composée l'illustrent de façon saisissante.

Au vrai, dans cette affaire, la nature nous donne l'impression d'une profonde confusion et d'une grande hésitation. Certaines fleurs jouent à fond la carte de l'indépendance et inventent les pièges les plus incroyables pour attirer les insectes ; d'autres, au contraire, s'organisent d'une manière sociale pour constituer de vastes ensembles puissamment réceptifs : elles remplacent l'habileté du piège par l'intensité du regroupement qui augmente les chances de fécondation. Les premières sont les Orchidées : elles font du qualitatif ; les secondes les Composées : elles font du quantitatif. D'autres enfin tentent de faire les deux à la fois : ce sont les Aracées, dont on a vu les pervers pouvoirs d'attraction et de séduction.

Ainsi, au-delà de la cruelle ambiguïté des Aracées, Orchidées et Composées expriment une des oppositions fondamentales de la vie : d'un côté, le travail à la chaîne, la société industrielle, la production de masse, les économies d'énergie (car l'insecte, en une seule visite, féconde un grand nombre de fleurs), bref le stakhanovisme ; de l'autre, au contraire, le travail artisanal et même, dans le cas des Orchidées — il suffit de les regarder —, artistique. La beauté y est plus recherchée que le rendement.

Éternel conflit entre la production industrielle et la production artisanale ou artistique, si appréciée et en même temps si peu rentable dans notre monde moderne. Mais cette même opposition illustre la problématique politique des pays avancés. Les Composées ont choisi le collectivisme, c'est-à-dire le nivellement, l'appel aux masses, l'industrie lourde et une socialisation poussée ; les Orchidées, au contraire, cultivent le tempérament libéral où chaque fleur conserve une indépendance jalouse.

Cette même opposition illustre bien deux images très contrastées du couple : le couple traditionnel, avec répartition des tâches (mère au foyer élevant les enfants, père au travail : deux fonctions complémentaires comme le sont les deux sortes de fleurs de la Marguerite). En face, les couples modernes où chacun travaille indépendamment, comme le font les fleurs d'Orchidées qui, de surcroît, confient leurs bébés à la crèche ou à la nourrice, faute de s'en occuper elles-mêmes : car tel est bien le rôle du petit champignon nourricier qui permettra la germination de ces bébés si mal nourris par leur mère.

Entre ces deux tendances, toutes les autres fleurs, pourrait-on dire, balancent... Mais la tendance à l'indépendance l'emporte très nettement ; les audaces collectivistes n'affectent que quelques rares familles qui les pratiquent alors avec une ardeur surprenante ; s'il le faut, on ira dans ce sens jusqu'au stalinisme le plus dur : c'est-à-dire que pour mieux collectiviser, on fera « tomber des têtes » ! C'est ce que font les Euphorbes, en éliminant continuellement des organes pour mieux collectiviser leurs ensembles floraux.

On aura compris que tout ceci n'est à l'évidence qu'audacieuses métaphores. Mais, comme le langage symbolique ou analogique, elles n'en ont pas moins une valeur particulière : elles expriment des vérités profondes qui correspondent à des réalités universelles de la Vie. En comparant les Orchidées et les Composées, le sommet des monocotylédones et celui des dicotylédones, on retrouve, très loin de nous et pourtant proches, dans ce monde végétal si étrange et si riche de modèles suggestifs, les problèmes qui nous assaillent chaque jour.

L'amour et la mort

La fleur, symbole d'amour et de mort

La pollinisation est achevée, la fécondation réussie, l'embryon est en place dans la graine, la graine est cachée dans le fruit, la vie va repartir, la tâche de la fleur est accomplie : une fleur comblée comme une mère heureuse de sa généreuse progéniture ! Mais, pour une fleur arrivée à terme, combien de compagnes tuées en bas âge, vouées à la stérilité, livrées à la cruauté inconsciente des hommes ?

Construite éphémère par la nature qui la détruit dès son rôle accompli, la fleur est une créature fragile et menacée. Elle qui crée et entretient la vie est offerte sans défense à de multiples agressions ; et pourtant, sans elle, plus de prairie, plus de forêt, plus de jardin.

L'ennemi naturel — héréditaire, pourrait-on dire — est bien entendu l'animal herbivore : le brouteur, le ruminant, dévorant sans discernement feuilles et fleurs.

De l'appétit de la vache, elle peut à la rigueur se protéger, blottie sous les rameaux hérissés et piquants de la plante porteuse. Mais que survienne la chèvre vorace, et la voici malgré tout promptement dévorée, car rien ne l'arrête, cette bique : ni les rochers abrupts, ni l'arbre qu'elle escalade, ni les rameaux épineux qu'elle déguste avec l'insouciance d'un chameau... Faites jeûner une chèvre : elle dévorera vos souliers, votre journal, et sans doute même ce livre, sans le moindre souci de l'hommage rendu ici à sa voracité légendaire !

Mais il y a aussi les multiples et féroces armées d'insectes dévastateurs. Tout d'abord les Coléoptères brouteurs petits ou gros, hannetons ou scarabées, broyant ses fragiles tissus entre leurs mandibules. La fleur en tire néanmoins avantage pour sa fécondation lorsque ces dévastations n'affectent que quelques ovaires, cependant que d'autres sont fortuitement pollinisés au cours de ces visites. Même un éléphant respecte toujours quelques pièces dans un magasin de porcelaine...

Il y a aussi les multiples insectes « piqueurs d'ovaires », mangeurs d'ovules, producteurs de gales, bref, la foule innombrable des parasites qu'elle se doit de subir sans broncher. Et qu'elle a, à travers toute l'histoire de l'évolution, tenté de décourager en multipliant autour de sa précieuse cellule-femelle de multiples remparts protecteurs emboîtés les uns dans les autres comme des poupées gigognes.

Last but not least : l'homme lui-même, l'ennemi prioritaire !

Un homme bien surpris d'apprendre qu'il puisse être, de quelque manière que ce soit, un ennemi des fleurs, lui qui les traite avec une si haute bienveillance, au moins de son point de vue ! Car s'il est vrai qu'il l'admire et l'approche avec amour, il lui arrive aussi, dans le même élan, de la tuer avec une parfaite inconscience. De l'enfant qui cueille un bouquet de fleurs sauvages aux somptueux *Corsos* fleuris assortis de batailles de fleurs en vogue sur la Côte d'Azur, en passant par les splendides exhibitions que sont les Floralies, le processus est toujours le même : l'homme cueille les fleurs pour son plaisir et, copiant la nature ou s'envolant dans des espaces qui n'appartiennent qu'à son imaginaire, il les utilise ensuite pour créer des compositions de son choix...

A bien y réfléchir, l'idée même de « fleurs coupées » paraît étrange ! Pourquoi tuer des fleurs pour le seul plaisir de les contempler mortes ? Les herbivores les tuent pour les manger, mais c'est dans l'ordre de la nature. Nous, nous les tuons gratuitement, pour notre seul plaisir ! Meurtre d'autant plus déconcertant que nous pourrions, au moins pour la plupart d'entre elles, les garder près de nous en pots ou en jardinières : pourquoi cette inconsciente barbarie ? Et pourquoi ces fleurs-projectiles dans les batailles de fleurs ? Et pourquoi ces fleurs noyées dans une masse compacte et sans identité, anéanties comme des troupeaux d'esclaves sans visage et sans nom dans les fameux *Corsos* fleuris ? Sort et destin anonyme, pire encore que celui de la fleur en bouquet qu'au moins l'on admire et l'on aime... N'y a-t-il pas dans ces pratiques quelque dévoiement orgiaque ?

Mais l'homme n'est point le seul à organiser de telles orgies. Les Arums, on l'a vu, en font autant, qui tuent des milliers de moucherons et emprisonnent leurs cadavres dans leur « chambre nuptiale » empoisonnée. Ce n'est d'ailleurs point là une excuse. A quand donc une Société de Protection des Fleurs comme il en est une des Animaux ?

La mort massive des légumes et des fruits n'est point en soi choquante ; comme son nom l'indique, le fruit est l'achèvement d'un processus de développement et de maturation : il se sépare et tombe spontanément lorsqu'il est mûr. Le consommer ne porte nullement atteinte à la plante-mère, tout au plus limitera-t-on quelque peu sa descendance. Mais les plantes sont si prolifiques ! On le consommera donc à point... et à point nommé. Nul doute que la nature ne nous absolve de cette prédation, car les plantes sont nécessaires à notre alimentation ; nous sommes des animaux, des herbivores, et n'avons pas, face au tribunal de la nature, à nous justifier de la consommation des végétaux en tant que nourriture.

Mais, pour les fleurs, c'est autre chose. Grâce à une production floricole de masse, les fleurs sont de plus en plus utilisées en fleurs coupées : luxe gratuit, pure fantaisie esthétique !

Ainsi l'homme est-il un grand prédateur de fleurs ! Mais il y a prédateur et prédateur... De tout temps, les sociétés traditionnelles ont pratiqué les sacrifices rituels de fleurs ou d'animaux offerts à leurs dieux dans les temples ; de tout temps aussi, dans toutes les traditions, ceux-ci sont célébrés selon un rite où ceux qui vont mourir sont entourés de bienveillance et de prévenantes attentions. Pourquoi ne point faire de même en coupant des fleurs ? Père et grand-père, sécateur à la main, dans notre jardin d'antan, ne manquaient jamais un attouchement, un effleurement ou un murmure aimable à l'endroit de la fleur qu'ils allaient ainsi sacrifier. Ils la prélevaient avec une délicatesse qui n'avait rien à voir avec ces pratiques de l'industrie de la fleur telle qu'elles s'étalent dans les immenses halls de Rungis ou d'Altmier, en Hollande : spectacle superbe et effrayant où la fleur n'est plus que marchandise, simple objet de négoce.

Finalement, face à ce massacre généralisé par la bête et par l'homme, quelles chances restent à l'ovaire floral de sortir victorieux de toutes ces menaces, d'échapper à la loi de la nature qui veut que les êtres se mangent les uns les autres selon leur place dans la pyramide écologique ? Les fleurs sont à la base de la pyramide, elles subissent donc la loi dans toute sa rigueur : elles qui ne mangent personne, risquent en revanche d'être mangées par tout le monde ! Leur position est rigoureusement à l'inverse de celle de l'homme : omnivore, dévoreur, dévastateur, il mange tout, de tout et de tout le monde. Mais, sauf cas rarissime d'anthropophagie ou de malencontreux contact avec quelque bête féroce, il n'est en revanche jamais mangé par personne... On comprend mal qu'occupant une place aussi privilégiée, qui le met à l'abri du sort commun des créatures, toutes quasiment condamnées à mourir sous la dent de leurs prédateurs respectifs, il s'acharne à s'entre-tuer, à multiplier les guerres fratricides, à construire à grands frais des armes de mort, comme s'il entendait compenser par là le privilège inouï de sa situation écologique. Ne courant aucun risque de par sa place dans la nature, il s'en crée derechef d'énormes de par son organisation en société...

Contre l'homme, les fleurs n'ont jusqu'ici rien pu faire pour se défendre. Il ne leur reste qu'à se laisser faire, à s'abandonner pour finalement « mourir d'aimer », ou plutôt « mourir d'être aimées ». Que de fleurs cueillies et mortes en bouquets !

La fleur illustre ainsi admirablement le symbole ambigu de l'amour et de la mort ; car si nous aimons les fleurs, nous les aimons pour nous, dans toute l'équivoque de ce mot que l'on emploie aussi bien pour Dieu, dont l'amour gratuit n'est jamais possessif — pour le partenaire, dont chacun sait qu'il n'en va pas toujours de même — et enfin pour le jambon et la saucisse, de manière si exclusive, possessive et destructrice que nous finissons par les dévorer et les assimiler à notre propre corps ! Aimer à croquer...

Plus étrange encore le fait que nous fassions des fleurs le double symbole de l'amour oblatif : l'agape — et de l'amour possessif : l'éros. Elles décorent les tables du repas partagé. Offertes, elles sont le signe d'une attention délicate. Dans nos appartements ou nos jardins, elles sont nos compagnes de tous les jours. Mais elles entrent aussi dans nos jeux amoureux, nous offrant leurs parfums ou leur simple et superbe beauté qui joueront dans nos stratégies de séduction le rôle que l'on sait.

Plus que toute autre créature, la fleur est donc symbole d'amour et de mort. Selon qu'on les cultive amoureusement en appartement ou dans nos jardins ou qu'au contraire, on les utilise coupées, leur sort se noue et se dénoue entre nos mains qui décident souverainement de leur destin. Nous sommes à la fleur ce qu'était à l'homme la Parque de la mythologie grecque : celui qui décide de prolonger, d'abréger ou d'interrompre le cours de la destinée. La Parque coupait souverainement, le moment venu, le fil de la vie humaine, comme nous faisons de celle des fleurs.

Devant ces multiples agressions, ces dangers innombrables, la fleur peut-elle se défendre ? Certes non ; mais la nature n'ignore pas la loi du nombre : en multipliant à l'infini ces créatures végétales, elle régule les multiples prélèvements dont elles sont l'objet et maintient en permanence un stock suffisamment abondant pour la perpétuelle régénération printanière.

Hymne aux fleurs disparues

Tout homme est mortel ; or je suis homme, donc je suis mortel. Les Grecs avaient inventé ce savant raisonnement — baptisé syllogisme — pour nous apprendre ce que nous savions déjà : que nous allons mourir. Mais on peut placer ce même raisonnement dans la bouche d'un animal ou d'une plante : toutes les marguerites sont mortelles, dirait la marguerite ; or je suis marguerite, donc mortelle. Cette extension naturaliste du syllogisme vaut aussi bien pour l'éléphant, l'insecte, le blé et la tulipe, tous évidemment mortels, comme nous. Tout au plus vivent-ils un peu plus ou un peu moins longtemps. Car nous ne sommes que d'éphémères maillons dans la longue suite des générations, sorte d'articulation entre nos ascendants et nos descendants.

Mais l'homme, l'animal, la plante appartiennent à des espèces particulières dont on crut longtemps qu'elles étaient, elles, immortelles. Depuis la découverte des lois de l'évolution, on sait aujourd'hui que les espèces sont mortelles comme les individus qui les composent. Simplement, leur longévité ne s'inscrit pas dans les mêmes laps de temps : un individu végétal, une plante vit quelques semaines, quelques mois, quelques années, quelques siècles, voire, dans des cas exceptionnels, quelques millénaires. Une espèce dure au contraire quelques millions, voire quelques dizaines de millions d'années, parfois davantage. Puis elle s'éteint, comme se sont éteints par exemple les dinosaures ou les fougères à graines. De ces espèces éteintes, il ne reste d'autres traces que les fossiles que nous exhumons du ventre de la terre, véritable cimetière d'espèces mortes, et que nous collectionnons dans nos musées. A les comparer les uns aux autres, les savants reconstituent, brin par brin et maillon après maillon, la longue et lente histoire de l'évolution.

Il n'est pas impossible que certaines espèces s'éteignent en ce moment même sous nos yeux. Les paysages européens sont depuis quelques années marqués par les tristes squelettes des ormes décédés. Ils demeurent dans les haies, sombres et décharnés, les témoins d'une espèce en voie de rapide régression. On connaît parfaitement la maladie des ormes : un petit coléoptère, le Scolite, pond ses œufs dans le bois et favorise ainsi l'introduction d'un champignon aux effets rapidement dévastateurs, le Graphium. Dans la bataille de l'orme et du champignon, comme dans celle de David et de Goliath, c'est le plus petit qui gagne... C'est ainsi que les ormes meurent dans toute l'Europe et ne sont déjà plus — lorsqu'il nous arrive d'en repérer un çà et là — que des reliques.

On a beaucoup dit et écrit sur la maladie des ormes. Mais voici que des forêts entières tombent malades ! Les uns parlent de pluies acides, les autres de dépérissement... Pourquoi donc les sapins blancs se portent-ils si mal en montagne ? Pourquoi les hêtres jaunissent-ils prématurément dans les départements littoraux et en climat atlantique où ils sont pourtant chez eux ? Pourquoi, en définitive, depuis une dizaine d'années, cette évidente augmentation de la mortalité des arbres ? Certes, les racines du mal sont d'ores et déjà dénoncées : il s'agit bien évidemment de la pollution atmosphérique, et il n'est pas douteux que celle-ci joue son rôle.

Fragilisés, en état de moindre résistance, les arbres sont plus sensibles aux maladies, comme l'étaient les populations du Moyen Age affaiblies par les famines, sur lesquelles les grandes épidémies firent les ravages que l'on sait. Mais avez-vous observé les profondes modifications climatiques de ces dernières années ? Un hiver long et glacial, un printemps qui n'en finit pas de venir, puis un été très chaud et très sec, court et subit. Bref, un climat de plus en plus continental, très différent du climat habituel des régions tempérées aux quatre saisons marquées, et glissant peu à peu, comme les climats arctiques, vers un système à deux saisons : un très long hiver et un très court été.

Pas plus que nous, les arbres ne sont adaptés à pareil climat. Comme nous, sans doute, ils en souffrent ; qu'à cela s'ajoute la pollution atmosphérique et c'en est assez pour que la maladie les atteigne et les abatte ! Serions-nous à la veille d'une nouvelle ère glaciaire ? Verrons-nous dans les siècles qui viennent les banquises redescendre du Nord et couvrir nos montagnes ? Les plantes subiront-elles une nouvelle fois les décimations qu'elles ont subies au cours de chaque épisode glaciaire ? Nul ne le sait. Mais, de toute évidence, il se passe quelque chose que personne ne voit, faute du recul nécessaire... Dérisoires bulletins météorologiques qui ne nous donnent que le temps de demain et nous occultent ces mouvements de fond qui, manifestement, depuis une ou deux décennies, affectent le climat de l'Europe et de l'Afrique. Il n'est donc pas impossible qu'un scénario de destruction des végétaux et d'extinction des espèces soit à nouveau à l'œuvre, sans même que nous soyons capables de le repérer et sans que nous disposions des moyens de l'enrayer. Car les forces en jeu s'inscrivent dans des ordres de grandeur qui nous dépassent totalement. Pourtant, ce sont ces forces-là — grands cataclysmes naturels ou profondes modifications climatiques — qui portent la responsabilité de la disparition de nombreuses espèces au cours des temps géologiques !

Mais voici que l'homme émerge il y a environ cinq millions d'années. Son évolution, d'abord lente, s'accentue brusquement il y a dix mille ans, lorsque, apprenant à cultiver la terre, il se sédentarise. Elle s'accentue encore davantage depuis le début de l'ère industrielle, et prend de nos jours un essor proprement vertigineux. Son expansion modifie radicalement les conditions d'existence de toutes les autres espèces. C'est l'homme désormais qui occupe le terrain ; la nature sauvage est cantonnée, parquée dans quelques rares espaces vierges : grandes forêts tropicales, hautes montagnes, régions arctiques particulièrement inhospitalières à l'homme, où elle peut encore — mais pour combien de temps ? — faire valoir ses droits.

En revanche, là où l'homme pose le pied, il piétine sans précaution les plates-bandes de la terre, provoquant — on l'imagine — un grand désarroi chez de nombreuses plantes peu aptes à résister à la montée en puissance d'un tel compétiteur. Elles avaient de tout temps l'habitude de fréquenter les herbivores et d'accepter leurs lois ; et voici que débarque une espèce bien plus redoutable encore, face à laquelle elles restent sans défense ni recours.

Nous sommes sur la plage de Vai, à l'est de l'île de Crète. Cette plage, très fréquentée, est bordée par une belle palmeraie. Un botaniste averti reconnaîtra un Phœnix, le palmier de Théophraste, ainsi nommé en hommage au grand naturaliste grec qui avait subodoré les phénomènes de sexualité chez les palmiers, précisément. Ne fallait-il pas, pour obtenir des dattes, agiter des branches venant de certains palmiers sur d'autres palmiers qui, eux, produisaient alors leurs fruits ? Quelle est donc cette poussière jaune qui semblait déclencher la fécondité d'arbres qui, sans elle, restaient obstinément stériles ? Théophraste se posa la question, mais n'alla pas plus loin. Le palmier qui lui est dédié ne pousse que sur cette plage et dans quelques rares localités de l'île. C'est une sorte de palmier-dattier en modèle réduit, qui compense la réduction de sa taille par la multiplication des troncs : cet arbre est en effet disposé en bouquet et dépasse rarement dix mètres de hauteur, tandis que son cousin germain, le palmier des Canaries, si abondamment planté sur la côte d'Azur, peut atteindre vingt mètres de haut, et le dattier d'Afrique du Nord, trente.

La plage de Vai subit chaque année une invasion touristique intense et les palmiers souffrent manifestement des atteintes que leur portent campeurs et randonneurs. Que le dernier vienne à disparaître et l'espèce localisée sur ce minuscule territoire disparaîtrait à jamais avec lui... Il ne resterait plus alors en Europe que quelques palmiers nains du genre *Chamaerops,* dont les tout derniers représentants en France ont rendu les armes, n'ayant pu résister, au siècle dernier, à la brusque transformation du littoral varois et niçois en Côte d'Azur... Dieu merci, ses cousins du Maghreb se portent bien et l'espèce ici n'est pas en danger.

Mais qui se préoccupe de ces palmiers sauvages dont le sort ne nous empêche pas de dormir ? Il y a tant de beaux palmiers importés sur les promenades de la Côte ! La télévision n'a guère pour habitude de nous entretenir de l'état de santé ou de vitalité des palmiers au Journal de 20 heures. C'est que l'information saisit l'événement à chaud, tandis que les espèces s'éteignent lentement ; et comme, de surcroît, leur extinction n'est pas un événement, elles n'ont donc aucune chance de se voir décerner une oraison funèbre par le présentateur de service. La mort d'une espèce végétale ou animale est le type même du « non-événement » : on la passe donc sous silence. En revanche, un cyclone qui emporterait tous les palmiers de la Promenade des Anglais ou de la Croisette nous vaudrait de belles (!) images, agrémentées d'un commentaire *ad hoc.*

A l'initiative du Conseil de l'Europe, chaque pays du Vieux Continent a dressé la liste des espèces vulnérables ou menacées, méritant des mesures de protection. Comme tous les États, la France a rendu sa copie. Sur celle-ci figure quatre fois le sigle *« Ex »,* de sinistre augure, caractérisant les espèces définitivement éteintes.

Chacune de ces plantes a dû céder la place devant les bouleversements que l'homme a fait subir aux milieux très particuliers dans lesquels, timidement, elle se tenait. Plantes martyres, plantes portées disparues, plantes à jamais éteintes. L'on pourrait égrener leur triste et morne litanie à la manière du martyrologe que les moines lisent chaque soir *recto tono* avant leur repas en souvenir des saints morts pour leur foi. Ouvrons au hasard ce vénérable ouvrage et évoquons un instant ces martyrs sans visage, surgis d'un autre temps. Nous tombons sur le 5 juillet :

> « A Rome, sainte Zoé, martyre, épouse du bienheureux martyr Nicostrate. Au temps de l'empereur Dioclétien, elle offrait sa prière à Dieu près du tombeau du bienheureux apôtre Pierre, quand elle fut arrêtée par les persécuteurs et jetée dans une prison très obscure. On la suspendit ensuite par le cou et les cheveux à un arbre sous lequel on produisit une horrible fumée, et ainsi elle rendit l'âme en confessant le nom du Seigneur. »

> « A Jérusalem, saint Athanase diacre, qui, pour la défense du saint Concile de Chalcédoine, fut arrêté par les hérétiques, éprouva de leur part toutes sortes de cruautés et périt enfin par le glaive. »

> « A Cyrène, en Libye, sainte Cyrille martyre. Lors de la persécution de Dioclétien, elle tint longtemps sur sa main immobile des charbons ardents qu'on y avait placés avec de l'encens, de peur qu'en jetant les charbons elle ne parût offrir l'encens ; elle eut enfin le corps cruellement déchiré, et, parée de son sang, elle s'en alla vers l'Époux... »

Mais il y a pire encore... Ainsi le 25 juin :

> « A Sibapolis, en Mésopotamie, sainte Fébronie, vierge et martyre. Durant la persécution de Dioclétien et sous le juge Silène, pour avoir voulu conserver sa foi et sa chasteté, elle fut d'abord battue de verges et tourmentée sur le chevalet ; ensuite déchirée avec des peignes de fer et éprouvée par le feu ; enfin, ayant eu les dents brisées, puis les seins et les pieds coupés, on lui trancha la tête. Parée de ces souffrances comme d'autant d'ornements, elle monta vers l'Époux. »

Ou encore le 11 décembre :

> « A Amiens, en Gaule, les saints martyrs Victoric et Fuscien. Sous le même empereur, le préfet Rictiovare ordonna de leur enfoncer des broches de fer dans le nez et les oreilles, de leur percer les tempes avec des clous rougis au feu, ensuite de leur arracher les yeux et de cribler leur corps de flèches. Ayant été enfin décapités avec leur hôte saint Gentien, ils s'en allèrent ainsi vers le Seigneur. »

L'imagination des bourreaux étant féconde, il y avait même des martyrs quasi botaniques, comme celui-ci, le 28 juillet :

> « Dans la Thébaïde, en Égypte, la commémoration de nombreux saints martyrs. Ils souffrirent durant la persécution de Dèce et de Valérien, alors que les chrétiens espérant périr par le glaive pour le nom du Christ, l'astucieux ennemi, plus avide de perdre les âmes que les corps, imaginait chaque jour des supplices plus lents. L'une des victimes, après avoir enduré le chevalet, les lames et les chaudières ardentes, fut ointe de miel, exposée, les mains liées derrière le dos, durant les ardeurs du soleil aux aiguillons des guêpes et des abeilles. Un autre chrétien, mollement couché sur des fleurs et étroitement lié, voyant une femme impudique s'approcher de lui pour le solliciter au mal, trancha sa langue avec ses dents et la lui cracha au visage[1]. »

On savait en vérité depuis fort longtemps que, selon l'adage romain, « l'homme est un loup pour l'homme ». On apprend aujourd'hui qu'il l'est aussi pour les plantes qu'il martyrise de la même manière et sans même s'en apercevoir, en toute bonne conscience. Poursuivons donc notre martyrologe :

A Cry, dans l'Yonne, une petite pensée sauvage vivant exclusivement sur des éboulis calcaires en fortes pentes, portée disparue à la suite de l'exploitation de plusieurs carrières et du boisement par des plantations de pins sylvestres des éboulis sur lesquels elle vivait. A jamais disparue !

Dans le Roussillon, un myosotis éteint à la suite d'aménagements littoraux qui ont détruit entièrement son milieu de vie. A jamais disparu !

Aux Sables d'Olonnes, un petit Minuartia, encore nommé Sabline, détruit sous les bulldozers au fur et à mesure que les lotissements littoraux se développaient et s'étendaient. A jamais disparu !

A Montenach, petite localité de Moselle au carrefour

---

1. En relisant les épreuves de ce livre, je dédie ces extraits du martyrologe à ceux qui pensent qu'aujourd'hui tout va mal. Ah le bon vieux temps !

de trois frontières — France, Luxembourg et Allemagne fédérale —, un petit Ophrys mimétique, unique au monde, sur des pelouses sèches en exposition plein sud : miraculeusement protégé et sauvé dans le cadre d'une réserve naturelle récemment créée par la municipalité. Ceci pour clore sur une note moins pessimiste cette simple amorce d'un martyrologe des plantes.

Pour ces plantes mortes, levons les yeux de ces lignes et respectons une minute de silence, car elles étaient des nôtres et elles nous ont quitté.

On n'en apprendrait pas davantage à poursuivre cette triste litanie des espèces mortes dont chaque pays a sa propre liste : il s'agit parfois d'espèces rares et très localisées qui ne résistent pas au bouleversement des milieux qu'elles occupent. Mais le sort d'autres espèces plus largement répandues n'est pas nécessairement meilleur. Beaucoup régressent rapidement et voient leur population diminuer dans des proportions impressionnantes ; après la tombe, l'hécatombe.

Les Orchidées sauvages, par exemple, connaissent dans toute la France des diminutions très importantes de leurs populations. Certaines ont même définitivement quitté le territoire français, en particulier trois Ophrys mimétiques qui n'ont plus jamais été vues depuis au moins trente ans. Ces Orchidées vivaient sur des pelouses calcaires, en bonne intelligence avec les moutons, là où les paysans d'autrefois pratiquaient le pâturage extensif des troupeaux. C'était l'époque des bergers et de leurs chiens ; ces temps-là sont révolus et les pelouses non pâturées se repeuplent peu à peu d'arbustes qui éliminent impitoyablement les Orchidées, lesquelles ont besoin d'épanouir leurs étranges corolles en plein soleil et en pleine lumière. Aussi disparaissent-elles, étouffées par la broussaille et les buissons.

Là encore, la plante ressemble à l'homme, bien que son sort soit plus cruel : lorsque les habitats changent et que les conditions de vie deviennent insupportables, les plantes, fixées au sol, périssent ; seules leurs graines ont quelque chance de s'échapper et de trouver des sites plus hospitaliers. Les humains peuvent au contraire migrer massivement et coloniser d'autres cieux, comme ils n'ont cessé de le faire depuis les origines de l'espèce.

La flore maltraitée et décimée paie un tribut sévère à l'homme ; des plantes éteintes, il ne nous reste que des momies dans les herbiers des muséums, chacune rangée dans son casier ; ces vastes conservatoires de plantes séchées ne sont pas sans évoquer les cimetières italiens, ces curieux HLM de la mort où les défunts, ni enterrés ni incinérés, se rangent soigneusement dans des casiers en béton superposés que veille la silhouette mélancolique de quelques cyprès.

Une question est sur toutes les lèvres : au fond, ces plantes qui disparaissent, quelle importance ? Puisqu'elles ne servaient à rien et que, de surcroît, elles ne *nous* servaient à rien. Certes, nous ignorons généralement tout du rôle qu'elles jouaient dans les équilibres de la nature. Quelle était leur place dans le puzzle complexe des relations qui lient entre eux tous les vivants ? Nous n'en savons rien ! Mais leur départ appauvrit la nature. Et puis, est-il si sûr qu'elles ne nous auraient jamais servi à rien ? Et si l'une d'elles avait contenu une substance active contre le cancer ? et si une autre dégageait un parfum encore inconnu pour n'avoir point été repéré en raison de sa rareté ? et si une autre encore contenait dans ses fruits une huile aux propriétés particulièrement favorables ? Bref, que savons-nous de plantes que nous n'avons jamais étudiées et que nous avons laissé disparaître sans nous en préoccuper ?

Plantes menacées, plantes en péril, quel artiste vous dédiera un monument ? quel musicien composera pour vous une symphonie ? quel écrivain rédigera une élégie à votre mémoire ?

Puisque nul ne le fit encore, je vous dédie ces lignes maladroites, mon *Hymne aux fleurs disparues* :

*Le bourdon tente-t-il encore, mais en vain, de humer leur par-
fum ?*

L'abeille garde-t-elle en mémoire la saveur de leur nectar ?

Que pense le papillon, désormais esseulé ?

Et le moucheron, tristement endeuillé ?

*La vache, la chèvre et le mouton paissent toujours en stabula-
tion ou vaine pature. Mais quoi ? L'herbe a-t-elle conservé son
vert piment ? S'est-elle affadie à leur palais ?*

Pauvres fleurs mortes, disparues à jamais.

*Dans nos mémoires, plus de traces. Et dans nos cœurs, plus de
place : elles ont disparu.*

*Nul ne prit leur défense : dans le silence et l'indifférence elles
ont disparu.*

*Modestes et sans grâce, humbles et discrètes, nous ne soupçon-
nions pas même leur présence : elles ont disparu.*

*Opulentes et superbes, nous les aimions trop et les avons tuées :
elles ont disparu.*

*Elles étaient l'œuvre de Dieu, un patrimoine à conserver, à pro-
téger, à jardiner. Nous l'avons dilapidé. Elles ont disparu.*

*Avec elles, un peu de notre vie et de notre chair nous est arra-
ché. Nous ne les reverrons plus, elles ont disparu.*

Au terme de ces histoires de plantes, nous voudrions
dire aux hommes nos frères : pitié pour elles ! Car les
fleurs sont nos sœurs. Mais nous sommes si compliqués,
si empêtrés dans nos affaires, si encombrés de nos certi-
tudes, si préoccupés de notre « progrès » scientifique,
technologique, économique, social, et si complètement
oublieux de tout le reste, de l'état de la terre, notre maison, et de ses habitants... Que nous importe au fond la
santé de la nature puisque nous avons rompu notre pacte
avec elle ?

L'auteur se gardera bien d'adresser à ses frères
humains quelque reproche ; il ne lui appartient point de
s'ériger en donneur de leçons. Solidaire de la communauté humaine, il porte sa part de responsabilité, et en
connaît le poids. Il se gardera aussi de juger et de
condamner, car il n'a aucune autorité pour cela. En bon
avocat des fleurs, il demandera seulement à ses frères de

les regarder d'un autre œil, de veiller à ne point les écraser de leur silence ou de leur indifférence, de n'agir dans la nature et sur la nature qu'avec sagesse et précaution, avec un peu d'amour aussi pour nos petites sœurs les plantes. Car elles sont sacrées ; car tout est sacré ; car elles sont sacrées même quand elles sont mortes ; car la mort elle-même est sacrée.

Dans le *Cantique de frère Soleil*[1], François d'Assise chante son amour et rend grâces pour la terre, pour les fleurs, pour la mort et pour ceux qui pardonnent... y compris à ceux qui les ont tués :

> *Loué sois-tu, mon Seigneur, avec toutes tes créatures : spéciale-*
> *ment Messire frère Soleil*
> *qui donne le jour et par qui tu nous éclaires...*
>
> *Loué sois-tu, mon Seigneur, pour sœur notre mère, la Terre, qui*
> *nous soutient et nous nourrit,*
> *et produit divers fruits avec les fleurs aux mille couleurs et*
> *l'herbe...*
>
> *Loué sois-tu, mon Seigneur, pour ceux qui pardonnent pour*
> *l'amour de toi,*
> *et supportent douleur et tribulation ;*
> *bienheureux ceux qui persévéreront dans la paix,*
> *car par toi, Très-Haut, ils seront couronnés...*
>
> *Loué sois-tu, mon Seigneur, pour notre sœur la mort corporelle,*
> *à qui nul homme vivant ne peut échapper...*
>
> *Louez et bénissez mon Seigneur et rendez-lui grâces,*
> *et servez-le avec grande humilité.*

Au terme de ce livre tombe le mot *humilité.* Gardons-le serré en nos cœurs, avec une âme d'enfant.

1. *Fioretti* de saint François.

Le petit garçon et la nature

Un petit garçon va chercher du lait à la ferme ; il laisse sa bicyclette au bord du chemin et s'engage à pied dans un chemin creux, étroit et sombre, bordé de haies denses et touffues. Il a peur, car la nuit tombe. Quelques pas encore et la vieille maison au toit de chaume apparaît. Comment résister à la tentation de se pencher sur la margelle du puits, sous le tambour de bois où s'enroule la chaîne portant le seau ? Dans le puits, de superbes scolopendres et autres capillaires tapissent les parois de pierres brutes. Et voici la jolie cage à fromages où l'on s'attendrait plutôt à voir des canaris ; mais ce sont des fromages qui sèchent à l'air, bien serrés dans leur cage grillagée, à l'abri de la convoitise des oiseaux. Et sous cet auvent, un pressoir à huile dont le couinement indique que l'on est à la saison du colza.

La maison n'a que deux pièces et le sol est de terre battuc. On accède au lit conjugal, coincé sous les poutres du grenier, par une échelle raide. En dessous c'est l'étable, car les bêtes assurent le chauffage en hiver, quand elles ne sont point aux champs. Le mobilier est des plus simple : une grande table de bois et deux bancs. Un crucifix garni d'une branche de buis est placé bien en évidence au-dessus de l'âtre monumental ; tout près, un bénitier. On a pris soin de mettre du sel sous le lit, car le sel écarte le mauvais sort... Pour rien au monde on ne raterait la messe des Rameaux : elle renouvelle chaque année le buis sacré pour la maison et pour les champs. Dans l'âtre pend une marmite noire de fumée, et sur le côté une poêle à frire, maintenue par un complexe système de cordes. Dans un coin retiré, le saloir où macèrent dans la saumure quelques jambons. Aulx et oignons pendent, joliment tressés, au plafond, tandis que des sacs de noix et de châtaignes sont à disposition : chaque jour, avec son lait, le petit garçon reçoit tantôt quelques noix, tantôt quelques châtaignes.

Le lait de vache sort tout chaud du pis ; il n'est ni écrémé, ni concentré, ni homogénéisé, ni pasteurisé, ni en bouteille, ni en boîte, ni en tube, ni en poudre. Dès la traite, il passe « à la mesure » et de là directement au bidon. Et l'enfant s'en retourne, veillant à ne pas renverser son bidon d'aluminium en roulant à bicyclette sur le chemin caillouteux... A un certain endroit connu de lui seul, sous un grand arbre, il arrête son vélo, ouvre le bidon et, dans un grand élan du bras, lui fait faire plusieurs tours complets sans qu'une seule goutte se répande sur le sol ; les forces centrifuges, comme chaque fois, ont contrarié la pesanteur ; l'enfant est satisfait ; il pense à l'histoire de la pomme de Newton qu'on lui a racontée, et se trouve ravi d'avoir joué un mauvais tour à ce vieil Anglais.

Étrange demeure que cette ferme isolée : aucune route goudronnée pour y accéder ; la voiture à cheval est remisée à l'extrémité du chemin, tout près de la grange ; l'automobile est inconnue ; l'on y trouve ni eau courante, ni électricité, ni gaz, ni téléphone, et moins encore de minitel... Les fermiers sont propriétaires des lieux, mais eussent-ils été locataires qu'ils ignoreraient tout du paiement des charges : car il n'y a ici aucune charge à payer ; il n'y a point non plus de radio, point de télé, de machine à laver le linge ou la vaisselle, de congélateur, de magnétoscope, de jeux vidéo, d'ordinateur...

Pourtant, le petit garçon n'est pas malheureux ; il récolte au passage des prunelles, de préférence vertes et pas mûres, et des mûres qu'il préfère bien mûres, au contraire. Un jour, en cueillant des mûres, il est tombé du mur où grimpaient les ronces et s'est arraché le genou aux épines. On lui fit une compresse d'eau-de-vie et le vilain bleu qu'il s'était fait au front fut aussitôt enduit de teinture d'Arnica, puis de fleurs de lys macérées dans de l'huile. Le bleu disparut en huit jours après avoir viré au jaune, et les écorchures suivirent.

Le petit garçon connaissait tous les secrets de la ferme. Il savait qu'on donne de l'avoine aux chevaux dans un grand sac pendu à leur cou, quand ils sont encore attelés, pour les récompenser de leurs efforts. Il n'aurait pas eu l'idée de jeter l'avoine par terre devant le cheval, comme on jette du grain aux poules... Il préférait d'ailleurs jeter aux poules des épis complets qu'il ramassait dans les champs, derrière la moissonneuse, en allant glaner avec sa maman.

Au jardin, il aidait ses parents ; il connaissait toutes les plantes, tous les légumes et tous les fruits, les fruits sauvages, les cerises aigres, ces petites poires que l'on appelait les *prons* et qui devenaient jaunes et juteuses dès la mi-saison.

Quand donc vivait ce petit garçon ? En 1515, à l'époque de Marignan ? Ou aujourd'hui dans une vallée perdue du Cachemire ? Certes non. La scène se passe en France et il y a dans la ferme un indicateur précis qui permet de la situer dans le temps et dans l'espace. Il suffit de consulter, là sur la fenêtre, l'énorme pile des almanachs des P.T.T. dont le plus ancien — complètement jauni par le temps — remonte à 1896 : c'est, par pure coïncidence, l'année de naissance du père du petit garçon. De surcroît, les sacs de châtaignes sont un précieux indicateur écologique pour la poursuite de l'enquête, car les châtaignes ne poussent qu'en terrains granitiques : nous sommes donc en France hercynienne, granitique !

Le petit garçon a maintes fois feuilleté les almanachs pour dénombrer les éclipses de soleil ou de lune depuis 1896 : indications précieuses et utiles des almanachs des

P.T.T. qui, évidemment, n'intéressent personne d'autre que lui. Il les consulte d'ailleurs toujours, car ce petit bambin vivait en Auvergne durant la dernière guerre, il n'y a pas même un demi-siècle !

Quarante ans ont passé. Livrons-nous à une étonnante expérience : installons aujourd'hui nos braves paysans devant un téléviseur. Que reconnaîtront-ils de leur époque ? Rien. Absolument rien. Le monde a changé ; mille ans ont passé entre 1945 et 1986 !

Le petit garçon de même âge, aujourd'hui, connaît la télé, toutes ses « pubs », tous ses présentateurs et toutes ses vedettes, toutes les chansons et tous les chanteurs, tous les jeux télévisuels et tous les jeux vidéo. Il collectionne les petites voitures ou les modèles réduits. Pour lui, désormais, la technique remplace la nature. Lorsqu'il se rend avec sa maman au marché, il voit des légumes, des fruits, mais n'a pas la moindre idée des plantes qui les portent. Il lui arrive d'aller à la campagne, mais il ne connaît rien au jardin. Sa mère se gardera bien de le laisser toucher à des mûres, car elle pense qu'elles sont « du poisson ». Et si, par gentillesse, il veut donner de l'avoine à un cheval — comme on donne des cacahuètes aux singes dans un zoo —, il la jette devant lui, empêchant le pauvre animal de s'en emparer.

Le petit garçon d'aujourd'hui ne se baigne plus dans une rivière, mais dans une piscine. Il ne joue plus dans la nature, il fait du sport. Il ne grimpe plus aux arbres, mais en salle de gym. Il ne sait pas que le sport, les piscines et les salles de gym coûtent cher aux municipalités, et que, par conséquent, ils coûtent cher aux contribuables, leurs parents. Il ne sait pas non plus que l'eau, le gaz, l'électricité, le téléphone coûtent cher en charges. Il ne joue plus au jardin, car il n'a pas de jardin, mais dans l'appartement de ses parents ou dans la rue. Il ne connaît plus le buis des Rameaux, mais seulement le brin de muguet du 1er mai. Totalement « débranché » de la nature, il est au contraire — par la télé — totalement « branché » sur la société. Les liens naturels immémoriaux qui lient l'homme au Cosmos sont remplacés par les liens culturels récents qui le lient, par les média, à la communauté humaine universelle. Les média, la mode et la musique remplissent sa vie au point de l'envahir tout entière. Et face aux tourments de l'existence, il ne prie plus, il crie. Ce qui fait grand bruit ! La ferme auvergnate, elle, était silencieuse...

Pourtant, le petit garçon de 1986 n'est pas différent de celui de 1940. Son cerveau est le même, son cœur aussi. C'est un cerveau humain, et un cerveau d'homme n'évolue que sur des milliers et des milliers d'années. Mais l'environnement culturel et social a totalement changé : la technique est devenue familière, la nature étrangère. Placez-le dans une voiture neuve : en deux minutes, tous les boutons, toutes les touches, y compris celles de l'autoradio, lui seront familières.

Aurions-nous fait des monstres ? On s'alarme, on s'interroge. L'école, consciente de cette rupture de l'homme et de la terre, va déployer de puissants moyens pédagogiques pour faire redécouvrir la nature à l'enfant. Car la nature est devenue une sorte de corps étranger à redécouvrir, et non plus le milieu de vie dans lequel on se meut naturellement. Aussi va-t-on organiser « classes vertes » et « classes de neige », généralement à grands frais, car la modernité coûte cher. Et le petit garçon s'émerveillera de découvrir une fleur ou un cheval, la mer ou la montagne, exactement comme le petit enfant de 1945 découvrait avec émerveillement les inventions successives du progrès.

Bref, le rat des champs est devenu rat des villes, mais une certaine nostalgie demeure : quelque chose, quelque part en nous-mêmes, nous ramène à la terre. De toute évidence, il nous manque cette « prise de terre » qui assure le bon fonctionnement de tant de nos engins...

Telle était la mission assignée à ce livre : donner ou redonner le goût et la saveur de la terre, ramener jusqu'aux cœurs de nos villes le parfum de nos herbes et de nos champs, resceller l'antique alliance de l'homme et de la nature ; à travers cette réconciliation nécessaire, entreprendre la réconciliation plus urgente et plus nécessaire encore de l'homme avec lui-même et ses frères.

Nous emprunterons à un écologiste américain le mot de la fin, car il exprime avec tendresse notre solidarité vis-à-vis de tous les vivants, même s'il s'agit ici d'animaux et non de plantes.

« Ce qui compte vraiment dans la sauvegarde des condors et de leurs congénères », écrit-il, « ce n'est pas tant que nous avons besoin des condors, c'est que nous avons besoin des qualités humaines qui sont nécessaires pour les sauver ; car ce sont celles-là mêmes qu'il nous faut pour nous sauver nous-mêmes [1]. »

1. Ian MacMillan, cité par René Dubos dans *Les dieux de l'écologie*, Fayard, 1973.

Table des matières